SUBTRACTION FACTS

MATH PRACTICE WORKSHEETS

ARITHMETIC WORKBOOK WITH ANSWERS

More than 3100 subtraction facts and exercises to help children enhance their elementary subtraction skill

By Shobha

Table of Contents

Did You Know?

 Subtraction is removing one or more things (or numbers) from a group.

Three cars were parked in the lot.

One car drove away. Now there are two cars parked in the lot.

In numbers
$3 - 1 = 2$

 When subtracting, unlike addition, the order of numbers does matter – the first number is the number you are subtracting from, subsequent numbers can be in any order.

For example:
5 - 3 is not same as 3 - 5

5 - 3 = 2
3 - 5 = - 2

 Zero is a special number. Subtracting zero from a number has no effect. The result is still the same number.

For example: 5 - 0 = 5

 If we subtract any number from itself the answer is always zero.

For example: 5 - 5 = 0

 The other names for subtraction are **Minus, Less, Difference, Decrease, Take Away, Deduct.**
We subtract **Subtrahend** from **Minuend** to get the **Difference.**

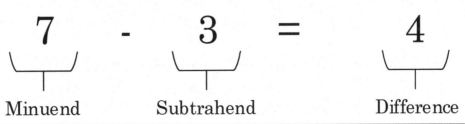

Minuend   Subtrahend   Difference

Subtraction Strategies

> Break the numbers into tens and units, subtract units and add tens last.

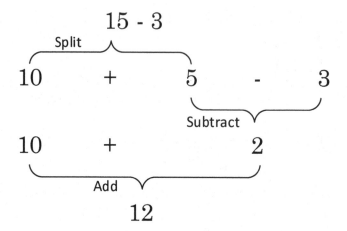

> Use the number line and count backward.

$$13 - 5$$

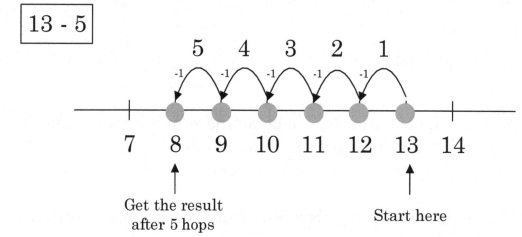

Get the result after 5 hops

Start here

> If we have to do 17 - 5, we can use bridging by thinking backwards. Start with 5, make a jump by 10 and then move towards 17.

$$17 - 5 = 10 + 1 + 1 = 12$$

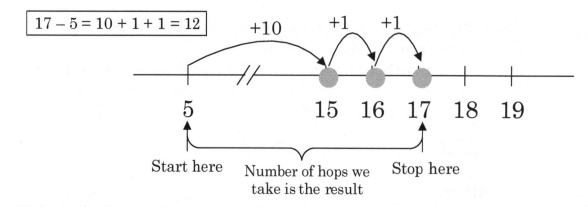

Start here   Number of hops we take is the result   Stop here

SET I   Date: _____   Start: _____   Finish: _____   Score: _____

1	2	3	4	5	6
0 − 0 = 0	4 − 0 = 4	8 − 0 = 8	2 − 0 = 2	3 − 0 = 3	1 − 0 = 1

7	8	9	10	11	12
9 − 0 = 9	7 − 0 = 7	5 − 0 = 5	6 − 0 = 6	10 − 0 = 10	8 − 0 = 8

13	14	15	16	17	18
1 − 0 = 1	4 − 0 = 4	7 − 0 = 7	9 − 0 = 9	5 − 0 = 5	2 − 0 = 2

SET II   Date: _____   Start: _____   Finish: _____   Score: _____

1	2	3	4	5	6
10 − 0 = 10	3 − 0 = 3	6 − 0 = 6	0 − 0 = 0	2 − 0 = 2	10 − 0 = 10

7	8	9	10	11	12
1 − 0 = 1	8 − 0 = 8	4 − 0 = 4	3 − 0 = 3	5 − 0 = 5	6 − 0 = 6

13	14	15	16	17	18
9 − 0 = 9	7 − 0 = 7	0 − 0 = 0	9 − 0 = 9	4 − 0 = 4	0 − 0 = 0

SET I | Date: _____ | Start: _____ | Finish: _____ | Score: _____

1. 3 - 0 = 3
2. 9 - 0 = 9
3. 4 - 0 = 4
4. 2 - 0 = 2
5. 5 - 0 = 5
6. 6 - 0 = 6
7. 1 - 0 = 1
8. 10 - 0 = 10
9. 8 - 0 = 8
10. 7 - 0 = 7
11. 0 - 0 = 0
12. 4 - 0 = 4
13. 5 - 0 = 4
14. 9 - 0 = 9
15. 6 - 0 = 6
16. 8 - 0 = 8
17. 0 - 0 = 0
18. 10 - 0 = 10

SET II | Date: _____ | Start: _____ | Finish: _____ | Score: _____

1. 2 - 0 = 2
2. 7 - 0 = 7
3. 3 - 0 = 3
4. 1 - 0 = 1
5. 8 - 0 = 8
6. 2 - 0 = 2
7. 4 - 0 = 4
8. 10 - 0 = 10
9. 6 - 0 = 6
10. 9 - 0 = 9
11. 1 - 0 = 1
12. 5 - 0 = 4
13. 7 - 0 = 7
14. 3 - 0 = 3
15. 0 - 0 = 0
16. 8 - 0 = 8
17. 6 - 0 = 6
18. 3 - 0 = 3

SET I   Date: _____   Start: _____   Finish: _____   Score: _____

1	2	3	4	5	6
1 − 1 = *1*	2 − 1 = *1*	9 − 1 = *8*	3 − 1 = *2*	6 − 1 = *5*	7 − 1 = *6*

7	8	9	10	11	12
10 − 1 = *9*	4 − 1 = *3*	5 − 1 = *4*	8 − 1 = *7*	1 − 1 = *0*	9 − 1 = *8*

13	14	15	16	17	18
8 − 1 = *7*	6 − 1 = *5*	4 − 1 = *3*	10 − 1 = *9*	5 − 1 = *4*	7 − 1 = *6*

SET II   Date: _____   Start: _____   Finish: _____   Score: _____

1	2	3	4	5	6
3 − 1 = *2*	2 − 1 = *1*	8 − 1 = *7*	6 − 1 = *5*	5 − 1 = *4*	9 − 1 = *8*

7	8	9	10	11	12
3 − 1 = *2*	2 − 1 = *1*	7 − 1 = *6*	4 − 1 = *3*	1 − 1 = *0*	10 − 1 = *9*

13	14	15	16	17	18
5 − 1 = *4*	7 − 1 = *6*	9 − 1 = *8*	1 − 1 = *0*	3 − 1 = *2*	10 − 1 = *9*

SET I   Date: _____   Start: _____   Finish: _____   Score: _____

1.
$$\begin{array}{r} 7 \\ -\ 1 \\ \hline 6 \end{array}$$

2.
$$\begin{array}{r} 8 \\ -\ 1 \\ \hline 7 \end{array}$$

3.
$$\begin{array}{r} 3 \\ -\ 1 \\ \hline 2 \end{array}$$

4.
$$\begin{array}{r} 1\ 0 \\ -\ 1 \\ \hline 9 \end{array}$$

5.
$$\begin{array}{r} 6 \\ -\ 1 \\ \hline 5 \end{array}$$

6.
$$\begin{array}{r} 2 \\ -\ 1 \\ \hline 1 \end{array}$$

7.
$$\begin{array}{r} 1 \\ -\ 1 \\ \hline 0 \end{array}$$

8.
$$\begin{array}{r} 5 \\ -\ 1 \\ \hline 4 \end{array}$$

9.
$$\begin{array}{r} 9 \\ -\ 1 \\ \hline 8 \end{array}$$

10.
$$\begin{array}{r} 4 \\ -\ 1 \\ \hline 3 \end{array}$$

11.
$$\begin{array}{r} 1\ 0 \\ -\ 1 \\ \hline 9 \end{array}$$

12.
$$\begin{array}{r} 6 \\ -\ 1 \\ \hline 5 \end{array}$$

13.
$$\begin{array}{r} 3 \\ -\ 1 \\ \hline 2 \end{array}$$

14.
$$\begin{array}{r} 7 \\ -\ 1 \\ \hline 6 \end{array}$$

15.
$$\begin{array}{r} 2 \\ -\ 1 \\ \hline 1 \end{array}$$

16.
$$\begin{array}{r} 4 \\ -\ 1 \\ \hline 3 \end{array}$$

17.
$$\begin{array}{r} 5 \\ -\ 1 \\ \hline 4 \end{array}$$

18.
$$\begin{array}{r} 1 \\ -\ 1 \\ \hline 0 \end{array}$$

SET II   Date: _____   Start: _____   Finish: _____   Score: _____

1.
$$\begin{array}{r} 8 \\ -\ 1 \\ \hline 7 \end{array}$$

2.
$$\begin{array}{r} 9 \\ -\ 1 \\ \hline 8 \end{array}$$

3.
$$\begin{array}{r} 1\ 0 \\ -\ 1 \\ \hline 9 \end{array}$$

4.
$$\begin{array}{r} 9 \\ -\ 1 \\ \hline 8 \end{array}$$

5.
$$\begin{array}{r} 4 \\ -\ 1 \\ \hline 3 \end{array}$$

6.
$$\begin{array}{r} 7 \\ -\ 1 \\ \hline 6 \end{array}$$

7.
$$\begin{array}{r} 2 \\ -\ 1 \\ \hline 1 \end{array}$$

8.
$$\begin{array}{r} 5 \\ -\ 1 \\ \hline 4 \end{array}$$

9.
$$\begin{array}{r} 1 \\ -\ 1 \\ \hline 0 \end{array}$$

10.
$$\begin{array}{r} 6 \\ -\ 1 \\ \hline 5 \end{array}$$

11.
$$\begin{array}{r} 3 \\ -\ 1 \\ \hline 2 \end{array}$$

12.
$$\begin{array}{r} 8 \\ -\ 1 \\ \hline 7 \end{array}$$

13.
$$\begin{array}{r} 1\ 0 \\ -\ 1 \\ \hline 9 \end{array}$$

14.
$$\begin{array}{r} 9 \\ -\ 1 \\ \hline 8 \end{array}$$

15.
$$\begin{array}{r} 5 \\ -\ 1 \\ \hline 4 \end{array}$$

16.
$$\begin{array}{r} 4 \\ -\ 1 \\ \hline 3 \end{array}$$

17.
$$\begin{array}{r} 8 \\ -\ 1 \\ \hline 7 \end{array}$$

18.
$$\begin{array}{r} 1 \\ -\ 1 \\ \hline 0 \end{array}$$

SET I Date: _____ Start: _____ Finish: _____ Score: _____

1	**2**	**3**	**4**	**5**	**6**
4 - 1 3	7 - 1 6	6 - 1 5	1 0 - 1 9	3 - 1 2	9 - 1 8
7	**8**	**9**	**10**	**11**	**12**
1 - 1 0	5 - 1 4	2 - 1 1	8 - 1 7	1 0 - 1 9	4 - 1 3
13	**14**	**15**	**16**	**17**	**18**
5 - 1 4	1 - 1 0	2 - 1 1	7 - 1 6	6 - 1 5	9 - 1 8

SET II Date: 2/26/16 Start: 0 Finish: 100 Score: 100

1	**2**	**3**	**4**	**5**	**6**
8 - 1 7	3 - 1 2	4 - 1 3	7 - 1 6	1 0 - 1 9	2 - 1 1
7	**8**	**9**	**10**	**11**	**12**
1 - 1 0	9 - 1 8	5 - 1 4	8 - 1 7	6 - 1 5	3 - 1 2
13	**14**	**15**	**16**	**17**	**18**
1 - 1 0	8 - 1 7	6 - 1 5	4 - 1 3	9 - 1 8	5 - 1 4

SET I   Date: _____   Start: _____   Finish: _____   Score: _____

1.
$$\begin{array}{r} 7 \\ -\ 1 \\ \hline 6 \end{array}$$

2.
$$\begin{array}{r} 4 \\ -\ 1 \\ \hline 3 \end{array}$$

3.
$$\begin{array}{r} 1 \\ -\ 1 \\ \hline 0 \end{array}$$

4.
$$\begin{array}{r} 6 \\ -\ 1 \\ \hline 5 \end{array}$$

5.
$$\begin{array}{r} 9 \\ -\ 1 \\ \hline 8 \end{array}$$

6.
$$\begin{array}{r} 8 \\ -\ 1 \\ \hline 7 \end{array}$$

7.
$$\begin{array}{r} 1\ 0 \\ -\ 1 \\ \hline 9 \end{array}$$

8.
$$\begin{array}{r} 3 \\ -\ 1 \\ \hline 2 \end{array}$$

9.
$$\begin{array}{r} 2 \\ -\ 1 \\ \hline 1 \end{array}$$

10.
$$\begin{array}{r} 5 \\ -\ 1 \\ \hline 4 \end{array}$$

11.
$$\begin{array}{r} 9 \\ -\ 1 \\ \hline 8 \end{array}$$

12.
$$\begin{array}{r} 3 \\ -\ 1 \\ \hline 2 \end{array}$$

13.
$$\begin{array}{r} 1\ 0 \\ -\ 1 \\ \hline 9 \end{array}$$

14.
$$\begin{array}{r} 6 \\ -\ 1 \\ \hline 5 \end{array}$$

15.
$$\begin{array}{r} 8 \\ -\ 1 \\ \hline 7 \end{array}$$

16.
$$\begin{array}{r} 5 \\ -\ 1 \\ \hline 4 \end{array}$$

17.
$$\begin{array}{r} 2 \\ -\ 1 \\ \hline 1 \end{array}$$

18.
$$\begin{array}{r} 1 \\ -\ 1 \\ \hline 0 \end{array}$$

SET II   Date: _____   Start: 100   Finish: _____   Score: _____

1.
$$\begin{array}{r} 4 \\ -\ 1 \\ \hline 3 \end{array}$$

2.
$$\begin{array}{r} 7 \\ -\ 1 \\ \hline 6 \end{array}$$

3.
$$\begin{array}{r} 5 \\ -\ 1 \\ \hline 4 \end{array}$$

4.
$$\begin{array}{r} 1\ 0 \\ -\ 1 \\ \hline 9 \end{array}$$

5.
$$\begin{array}{r} 1 \\ -\ 1 \\ \hline 0 \end{array}$$

6.
$$\begin{array}{r} 9 \\ -\ 1 \\ \hline 8 \end{array}$$

7.
$$\begin{array}{r} 4 \\ -\ 1 \\ \hline 3 \end{array}$$

8.
$$\begin{array}{r} 8 \\ -\ 1 \\ \hline 7 \end{array}$$

9.
$$\begin{array}{r} 3 \\ -\ 1 \\ \hline 2 \end{array}$$

10.
$$\begin{array}{r} 7 \\ -\ 1 \\ \hline 6 \end{array}$$

11.
$$\begin{array}{r} 6 \\ -\ 1 \\ \hline 5 \end{array}$$

12.
$$\begin{array}{r} 2 \\ -\ 1 \\ \hline 1 \end{array}$$

13.
$$\begin{array}{r} 1 \\ -\ 1 \\ \hline 0 \end{array}$$

14.
$$\begin{array}{r} 4 \\ -\ 1 \\ \hline 3 \end{array}$$

15.
$$\begin{array}{r} 6 \\ -\ 1 \\ \hline 5 \end{array}$$

16.
$$\begin{array}{r} 8 \\ -\ 1 \\ \hline 7 \end{array}$$

17.
$$\begin{array}{r} 5 \\ -\ 1 \\ \hline 4 \end{array}$$

18.
$$\begin{array}{r} 3 \\ -\ 1 \\ \hline 2 \end{array}$$

SET I Date: 3/19/8 Start: 10 Finish: _____ Score: _____

1	2	3	4	5	6
5 - 2 **3**	7 - 2 **5**	6 - 2 **4**	2 - 2 **0**	4 - 2 **2**	3 - 2 **1**

7	8	9	10	11	12
1 0 - 2 **8**	8 - 2 **6**	9 - 2 **7**	7 - 2 **5**	1 0 - 2 **8**	9 - 2 **7**

13	14	15	16	17	18
8 - 2 **6**	4 - 2 **2**	3 - 2 **1**	2 - 2 **0**	5 - 2 **3**	6 - 2 **4**

SET II Date: 3/19/18 Start: 0 Finish: 1:52 Score: 100%

1	2	3	4	5	6
5 - 2 **3**	3 - 2 **1**	4 - 2 **2**	1 0 - 2 **8**	9 - 2 **7**	6 - 2 **4**

7	8	9	10	11	12
7 - 2 **5**	8 - 2 **6**	2 - 2 **0**	7 - 2 **5**	5 - 2 **3**	9 - 2 **7**

13	14	15	16	17	18
4 - 2 **2**	8 - 2 **6**	3 - 2 **1**	2 - 2 **0**	1 0 - 2 **8**	6 - 2 **4**

SET I Date: _____ Start: _____ Finish: 2:19 Score: _____

1	2	3	4	5	6
1 0 - 2 8	2 - 2 0	7 - 2 5	9 - 2 7	3 - 2 1	4 - 2 2

7	8	9	10	11	12
8 - 2 6	6 - 2 4	5 - 2 3	4 - 2 2	3 - 2 1	8 - 2 0

13	14	15	16	17	18
5 - 2 3	6 - 2 4	1 0 - 2 8	2 - 2 0	9 - 2 7	7 - 2 5

SET II Date: _____ Start: _____ Finish: 2:29 Score: _____

1	2	3	4	5	6
9 - 2 7	5 - 2 3	3 - 2 1	7 - 2 5	6 - 2 4	2 - 2 0

7	8	9	10	11	12
4 - 2 2	1 0 - 2 8	8 - 2 6	2 - 2 0	4 - 2 2	8 - 2 6

13	14	15	16	17	18
7 - 2 5	9 - 2 7	6 - 2 4	3 - 2 1	1 0 - 2 8	5 - 2 3

SET I Date: _____ Start: _____ Finish: _____ Score: _____

1. 2 - 2 = 0
2. 5 - 2 = 2
3. 6 - 2 = 4
4. 7 - 2 = 5
5. 4 - 2 = 2
6. 10 - 2 = 8

7. 9 - 2 = 7
8. 8 - 2 = 0
9. 3 - 2 = 1
10. 4 - 2 = 2
11. 8 - 2 = 6
12. 3 - 2 = 1

13. 6 - 2 = 4
14. 5 - 2 = 3
15. 2 - 2 = 0
16. 9 - 2 = 7
17. 10 - 2 = 8
18. 7 - 2 = 5

SET II Date: _____ Start: _____ Finish: _____ Score: _____

1. 8 - 2 = 6
2. 9 - 2 = 1
3. 2 - 2 = 0
4. 5 - 2 = 3
5. 4 - 2 = 2
6. 6 - 2 = 4

7. 10 - 2 = 8
8. 7 - 2 = 5
9. 3 - 2 = 1
10. 4 - 2 = 2
11. 7 - 2 = 5
12. 9 - 2 = 7

13. 8 - 2 = 6
14. 2 - 2 = 0
15. 5 - 2 = 3
16. 3 - 2 = 1
17. 6 - 2 = 4
18. 10 - 2 = 8

SET I Date: _____ Start: _____ Finish: _____ Score: _____

1	2	3	4	5	6
3 − 2 = *1*	2 − 2 = *0*	5 − 2 = *3*	4 − 2 = *2*	6 − 2 = *4*	1 0 − 2 = *8*

7	8	9	10	11	12
8 − 2 = *6*	7 − 2 = *5*	9 − 2 = *7*	8 − 2 = *6*	5 − 2 = *3*	4 − 2 = *2*

13	14	15	16	17	18
1 0 − 2 = *8*	6 − 2 = *4*	2 − 2 = *0*	3 − 2 = *1*	9 − 2 = *7*	7 − 2 = *7*

SET II Date: _____ Start: _____ Finish: _____ Score: _____

1	2	3	4	5	6
9 − 2 = *7*	4 − 2 = *2*	7 − 2 = *5*	6 − 2 = *4*	2 − 2 = *6*	3 − 2 = *1*

7	8	9	10	11	12
5 − 2 = *3*	8 − 2 = *6*	1 0 − 2 = *8*	9 − 2 = *7*	2 − 2 = *0*	1 0 − 2 = *8*

13	14	15	16	17	18
3 − 2 = *1*	8 − 2 = *6*	4 − 2 = *2*	6 − 2 = *4*	5 − 2 = *3*	7 − 2 = *5*

SET I Date: _____ Start: _____ Finish: _____ Score: _____

1)
```
   4
-  3
─────
   1
```

2)
```
   6
-  3
─────
   3
```

3)
```
   8
-  3
─────
   5
```

4)
```
   9
-  3
─────
   6
```

5)
```
   7
-  3
─────
   4
```

6)
```
   3
-  3
─────
   0
```

7)
```
 1 0
-  3
─────
   7
```

8)
```
   5
-  3
─────
   2
```

9)
```
   8
-  3
─────
   5
```

10)
```
   3
-  3
─────
   0
```

11)
```
   4
-  3
─────
   1
```

12)
```
   7
-  3
─────
   4
```

13)
```
   6
-  3
─────
   3
```

14)
```
   5
-  3
─────
   2
```

15)
```
   9
-  3
─────
   6
```

16)
```
 1 0
-  3
─────
   7
```

17)
```
   3
-  3
─────
   0
```

18)
```
 1 0
-  3
─────
   7
```

SET II Date: _____ Start: _____ Finish: _____ Score: _____

1)
```
   8
-  3
─────
   5
```

2)
```
   4
-  3
─────
   1
```

3)
```
   5
-  3
─────
   2
```

4)
```
   6
-  3
─────
   3
```

5)
```
   9
-  3
─────
   6
```

6)
```
   7
-  3
─────
   4
```

7)
```
   9
-  3
─────
   6
```

8)
```
   3
-  3
─────
   0
```

9)
```
   6
-  3
─────
   3
```

10)
```
   5
-  3
─────
   2
```

11)
```
 1 0
-  3
─────
   7
```

12)
```
   4
-  3
─────
   1
```

13)
```
   8
-  3
─────
   5
```

14)
```
   7
-  3
─────
   4
```

15)
```
   5
-  3
─────
   2
```

16)
```
   8
-  3
─────
   5
```

17)
```
   9
-  3
─────
   6
```

18)
```
   3
-  3
─────
   0
```

3 ( ) = 10

SET I Date: _____ Start: _____ Finish: _____ Score: _____

1	2	3	4	5	6
1 0 - 3 *7*	6 - 3 *3*	3 - 3 *0*	9 - 3 *6*	4 - 3 *1*	5 - 3 *2*

7	8	9	10	11	12
7 - 3 *4*	8 - 3 *5*	4 - 3 *1*	9 - 3 *6*	5 - 3 *2*	3 - 3 *0*

13	14	15	16	17	18
6 - 3 *3*	7 - 3 *4*	1 0 - 3 *7*	8 - 3 *5*	9 - 3 *6*	5 - 3 *2*

SET II Date: _____ Start: _____ Finish: _____ Score: _____

1	2	3	4	5	6
6 - 3 *3*	8 - 3 *5*	7 - 3 *4*	3 - 3 *0*	4 - 3 *1*	1 0 - 3 *7*

7	8	9	10	11	12
4 - 3 *1*	6 - 3 *3*	1 0 - 3 *7*	7 - 3 *4*	9 - 3 *6*	8 - 3 *5*

13	14	15	16	17	18
5 - 3 *2*	3 - 3 *0*	7 - 3 *4*	3 - 3 *0*	8 - 3 *5*	5 - 3 *2*

SET I

Date: _____   Start: _____   Finish: _____   Score: _____

1	2	3	4	5	6
3 - 3 *0*	7 - 3 *4*	4 - 3 *1*	5 - 3 *2*	6 - 3 *3*	8 - 3 *5*

7	8	9	10	11	12
1 0 - 3 *7*	9 - 3 *6*	5 - 3 *2*	9 - 3 *6*	1 0 - 3 *7*	8 - 3 *5*

13	14	15	16	17	18
3 - 3 *0*	4 - 3 *1*	6 - 3 *3*	7 - 3 *4*	5 - 3 *2*	6 - 3 *3*

SET II

Date: _____   Start: _____   Finish: _____   Score: _____

1	2	3	4	5	6
3 - 3 *0*	7 - 3 *4*	4 - 3 *1*	8 - 3 *5*	9 - 3 *6*	1 0 - 3 *7*

7	8	9	10	11	12
4 - 3 *1*	8 - 3 *5*	3 - 3 *0*	5 - 3 *2*	9 - 3 *6*	7 - 3 *4*

13	14	15	16	17	18
6 - 3 *3*	1 0 - 3 *7*	3 - 3 *0*	7 - 3 *4*	6 - 3 *3*	4 - 3 *1*

SET I   Date: _____   Start: _____   Finish: _____   Score: _____

(1)
```
   4
-  3
-----
   1
```

(2)
```
  1 0
-   3
-----
   7
```

(3)
```
   6
-  3
-----
   3
```

(4)
```
   8
-  3
-----
   5
```

(5)
```
   7
-  3
-----
   4
```

(6)
```
   3
-  3
-----
   0
```

(7)
```
   9
-  3
-----
   6
```

(8)
```
   5
-  3
-----
   2
```

(9)
```
   9
-  3
-----
   6
```

(10)
```
   8
-  3
-----
   5
```

(11)
```
   4
-  3
-----
   1
```

(12)
```
   7
-  3
-----
   4
```

(13)
```
  1 0
-   3
-----
   7
```

(14)
```
   6
-  3
-----
   3
```

(15)
```
   5
-  3
-----
   2
```

(16)
```
   3
-  3
-----
   0
```

(17)
```
   7
-  3
-----
   4
```

(18)
```
   9
-  3
-----
   6
```

SET II   Date: _____   Start: _____   Finish: _____   Score: _____

(1)
```
  1 0
-   3
-----
   7
```

(2)
```
   5
-  3
-----
   2
```

(3)
```
   6
-  3
-----
   3
```

(4)
```
   3
-  3
-----
   0
```

(5)
```
   8
-  3
-----
   5
```

(6)
```
   4
-  3
-----
   1
```

(7)
```
   7
-  3
-----
   4
```

(8)
```
  1 0
-   3
-----
   7
```

(9)
```
   9
-  3
-----
   6
```

(10)
```
   5
-  3
-----
   7
```

(11)
```
   8
-  3
-----
   6
```

(12)
```
   6
-  3
-----
   3
```

(13)
```
   3
-  3
-----
   0
```

(14)
```
   4
-  3
-----
   1
```

(15)
```
   6
-  3
-----
   3
```

(16)
```
   9
-  3
-----
   6
```

(17)
```
   3
-  3
-----
   0
```

(18)
```
   7
-  3
-----
   4
```

o

SET I   Date: _____   Start: _____   Finish: _____   Score: _____

(1)	(2)	(3)	(4)	(5)	(6)
5 - 2 3	2 - 1 1	9 - 3 6	6 - 3 3	6 - 2 4	5 - 1 4

(7)	(8)	(9)	(10)	(11)	(12)
5 - 3 2	8 - 1 4	7 - 2 5	4 - 3 1	8 - 1 7	9 - 2 7

(13)	(14)	(15)	(16)	(17)	(18)
5 - 1 4	7 - 2 5	5 - 3 2	1 0 - 3 7	6 - 1 5	6 - 2 4

y.

SET II   Date: _____   Start: _____   Finish: _____   Score: _____

(1)	(2)	(3)	(4)	(5)	(6)
4 - 3 1	3 - 1 2	8 - 2 6	4 - 1 2	3 - 2 1	6 - 3 3

(7)	(8)	(9)	(10)	(11)	(12)
4 - 3 1	2 - 2 0	4 - 1 3	1 0 - 1 a	6 - 2 4	7 - 3 4

(13)	(14)	(15)	(16)	(17)	(18)
9 - 2 7	1 0 - 3 7	2 - 1 1	6 - 2 4	3 - 1 2	6 - 3 3

SET I Date: _____ Start: _____ Finish: _____ Score: _____

1	2	3	4	5	6
4 - 1 *3*	7 - 3 *4*	6 - 2 *4*	2 - 2 *0*	1 0 - 1 *9*	5 - 3 *2*

7	8	9	10	11	12
5 - 1 *4*	8 - 2 *6*	5 - 3 *2*	8 - 2 *6*	3 - 3 *0*	1 0 - 1 *9*

13	14	15	16	17	18
3 - 2 *1*	4 - 1 *3*	8 - 3 *5*	6 - 1 *5*	1 0 - 3 *7*	8 - 2 *6*

SET II Date: _____ Start: _____ Finish: _____ Score: _____

1	2	3	4	5	6
9 - 1 *8*	3 - 3 *0*	6 - 2 *4*	2 - 1 *1*	6 - 3 *3*	2 - 2 *0*

7	8	9	10	11	12
8 - 3 *5*	1 0 - 2 *8*	3 - 1 *2*	9 - 2 *1*	4 - 3 *1*	1 0 - 1 *9*

13	14	15	16	17	18
6 - 3 *3*	8 - 1 *7*	3 - 2 *1*	9 - 1 *8*	1 0 - 2 *8*	8 - 3 *5*

SET I   Date: _____   Start: _____   Finish: _____   Score: _____

1	2	3	4	5	6
5 - 3 2	8 - 1 7	9 - 2 7	6 - 3 3	1 - 1 0	6 - 2 4

7	8	9	10	11	12
3 - 3 0	5 - 2 3	3 - 1 2	9 - 1 8	5 - 3 2	2 - 2 0

13	14	15	16	17	18
6 - 1 5	5 - 2 3	3 - 3 0	7 - 3 4	2 - 2 0	7 - 1 6

SET II   Date: _____   Start: _____   Finish: _____   Score: _____

1	2	3	4	5	6
3 - 1 2	6 - 2 3	1 0 - 3 7	4 - 2 2	3 - 1 2	5 - 3 2

7	8	9	10	11	12
3 - 3 0	2 - 2 0	2 - 1 1	3 - 2 1	6 - 3 3	3 - 1 2

13	14	15	16	17	18
1 0 - 1 1	1 0 - 3 7	8 - 2 6	5 - 2 3	9 - 3 6	1 - 1 0

SET I   Date: _____   Start: _____   Finish: _____   Score: _____

1	2	3	4	5	6
8 − 3 = 5	5 − 2 = 3	6 − 1 = 5	7 − 3 = 4	8 − 2 = 6	4 − 1 = 3

7	8	9	10	11	12
1 0 − 1 = 9	4 − 3 = 1	4 − 2 = 3	8 − 1 = 7	3 − 3 = 0	3 − 2 = 1

13	14	15	16	17	18
5 − 2 = 7	1 0 − 3 = 7	6 − 1 = 5	9 − 1 = 8	3 − 3 = 0	6 − 2 = 4

SET II   Date: _____   Start: _____   Finish: _____   Score: _____

1	2	3	4	5	6
8 − 3 = 6	8 − 1 = 7	4 − 2 = 2	3 − 3 = 0	9 − 1 = 8	4 − 2 = 2

7	8	9	10	11	12
5 − 2 = 7	4 − 3 = 1	9 − 1 = 8	2 − 1 = 1	7 − 2 = 6	1 0 − 3 = 7

13	14	15	16	17	18
3 − 1 = 2	8 − 2 = 6	1 0 − 3 = 7	1 0 − 2 = 8	4 − 1 = 3	7 − 3 = 4

SET I Date: _____ Start: _____ Finish: _____ Score: _____

1.
$$\begin{array}{r} 9 \\ - 4 \\ \hline 5 \end{array}$$

2.
$$\begin{array}{r} 7 \\ - 4 \\ \hline 2 \end{array}$$

3.
$$\begin{array}{r} 4 \\ - 4 \\ \hline 0 \end{array}$$

4.
$$\begin{array}{r} 8 \\ - 4 \\ \hline 4 \end{array}$$

5.
$$\begin{array}{r} 6 \\ - 4 \\ \hline 2 \end{array}$$

6.
$$\begin{array}{r} 1\,0 \\ - 4 \\ \hline 6 \end{array}$$

7.
$$\begin{array}{r} 5 \\ - 4 \\ \hline 1 \end{array}$$

8.
$$\begin{array}{r} 8 \\ - 4 \\ \hline 4 \end{array}$$

9.
$$\begin{array}{r} 6 \\ - 4 \\ \hline 2 \end{array}$$

10.
$$\begin{array}{r} 5 \\ - 4 \\ \hline 1 \end{array}$$

11.
$$\begin{array}{r} 1\,0 \\ - 4 \\ \hline 6 \end{array}$$

12.
$$\begin{array}{r} 4 \\ - 4 \\ \hline 0 \end{array}$$

13.
$$\begin{array}{r} 7 \\ - 4 \\ \hline 3 \end{array}$$

14.
$$\begin{array}{r} 9 \\ - 4 \\ \hline 5 \end{array}$$

15.
$$\begin{array}{r} 1\,0 \\ - 4 \\ \hline 6 \end{array}$$

16.
$$\begin{array}{r} 8 \\ - 4 \\ \hline 4 \end{array}$$

17.
$$\begin{array}{r} 4 \\ - 4 \\ \hline 0 \end{array}$$

18.
$$\begin{array}{r} 5 \\ - 4 \\ \hline 1 \end{array}$$

SET II Date: _____ Start: _____ Finish: _____ Score: _____

1.
$$\begin{array}{r} 7 \\ - 4 \\ \hline 3 \end{array}$$

2.
$$\begin{array}{r} 6 \\ - 4 \\ \hline 2 \end{array}$$

3.
$$\begin{array}{r} 9 \\ - 4 \\ \hline 5 \end{array}$$

4.
$$\begin{array}{r} 5 \\ - 4 \\ \hline 1 \end{array}$$

5.
$$\begin{array}{r} 4 \\ - 4 \\ \hline 0 \end{array}$$

6.
$$\begin{array}{r} 1\,0 \\ - 4 \\ \hline 6 \end{array}$$

7.
$$\begin{array}{r} 8 \\ - 4 \\ \hline 4 \end{array}$$

8.
$$\begin{array}{r} 6 \\ - 4 \\ \hline 2 \end{array}$$

9.
$$\begin{array}{r} 9 \\ - 4 \\ \hline 5 \end{array}$$

10.
$$\begin{array}{r} 7 \\ - 4 \\ \hline 2 \end{array}$$

11.
$$\begin{array}{r} 7 \\ - 4 \\ \hline 2 \end{array}$$

12.
$$\begin{array}{r} 1\,0 \\ - 4 \\ \hline 6 \end{array}$$

13.
$$\begin{array}{r} 6 \\ - 4 \\ \hline 2 \end{array}$$

14.
$$\begin{array}{r} 9 \\ - 4 \\ \hline 5 \end{array}$$

15.
$$\begin{array}{r} 8 \\ - 4 \\ \hline 4 \end{array}$$

16.
$$\begin{array}{r} 5 \\ - 4 \\ \hline 1 \end{array}$$

17.
$$\begin{array}{r} 4 \\ - 4 \\ \hline 0 \end{array}$$

18.
$$\begin{array}{r} 8 \\ - 4 \\ \hline 4 \end{array}$$

SET I   Date: _____   Start: _____   Finish: _____   Score: _____

1	2	3	4	5	6
9 - 4 *5*	4 - 4 *0*	7 - 4 *3*	8 - 4 *4*	1 0 - 4 *6*	6 - 4 *2*

7	8	9	10	11	12
5 - 4 *1*	7 - 4 *2*	9 - 4 *5*	1 0 - 4 *6*	6 - 4 *2*	8 - 4 *4*

13	14	15	16	17	18
5 - 4 *1*	4 - 4 *0*	4 - 4 *0*	7 - 4 *3*	6 - 4 *2*	9 - 4 *5*

SET II   Date: _____   Start: _____   Finish: _____   Score: _____

1	2	3	4	5	6
1 0 - 4 *6*	8 - 4 *4*	5 - 4 *1*	9 - 4 *5*	7 - 4 *3*	6 - 4 *2*

7	8	9	10	11	12
5 - 4 *1*	4 - 4 *0*	1 0 - 4 *6*	8 - 4 *4*	1 0 - 4 *6*	4 - 4 *0*

13	14	15	16	17	18
9 - 4 *5*	7 - 4 *2*	8 - 4 *4*	5 - 4 *1*	6 - 4 *2*	5 - 4 *1*

SET I   Date: _____   Start: _____   Finish: _____   Score: _____

1
```
   5
-  4
─────
   1
```

2
```
   8
-  4
─────
   4
```

3
```
   6
-  4
─────
   2
```

4
```
   4
-  4
─────
   0
```

5
```
   7
-  4
─────
   3
```

6
```
   9
-  4
─────
   5
```

7
```
  1 0
-   4
─────
   6
```

8
```
   8
-  4
─────
   4
```

9
```
  1 0
-   4
─────
   6
```

10
```
   4
-  4
─────
   0
```

11
```
   7
-  4
─────
   3
```

12
```
   9
-  4
─────
   5
```

13
```
   6
-  4
─────
   2
```

14
```
   5
-  4
─────
   1
```

15
```
   4
-  4
─────
   0
```

16
```
   9
-  4
─────
   6
```

17
```
   6
-  4
─────
   2
```

18
```
   7
-  4
─────
   3
```

SET II   Date: _____   Start: _____   Finish: _____   Score: _____

1
```
   5
-  4
─────
   1
```

2
```
   8
-  4
─────
   4
```

3
```
  1 0
-   4
─────
   6
```

4
```
   8
-  4
─────
   4
```

5
```
   4
-  4
─────
   0
```

6
```
   6
-  4
─────
   2
```

7
```
  1 0
-   4
─────
   6
```

8
```
   5
-  4
─────
   1
```

9
```
   7
-  4
─────
   3
```

10
```
   9
-  4
─────
   5
```

11
```
  1 0
-   4
─────
   6
```

12
```
   6
-  4
─────
   2
```

13
```
   9
-  4
─────
   5
```

14
```
   4
-  4
─────
   0
```

15
```
   5
-  4
─────
   1
```

16
```
   7
-  4
─────
   3
```

17
```
   8
-  4
─────
   4
```

18
```
   8
-  4
─────
   4
```

SET I   Date: _____   Start: _____   Finish: _____   Score: _____

1	2	3	4	5	6
4 − 4 = *0*	6 − 4 = *2*	7 − 4 = *3*	1 0 − 4 = *6*	9 − 4 = *5*	8 − 4 = *4*

7	8	9	10	11	12
5 − 4 = *1*	9 − 4 = *5*	5 − 4 = *1*	1 0 − 4 = *16*	8 − 4 = *4*	6 − 4 = *2*

13	14	15	16	17	18
4 − 4 = *0*	7 − 4 = *3*	4 − 4 = *0*	9 − 4 = *5*	7 − 4 = *3*	5 − 4 = *1*

SET II   Date: _____   Start: _____   Finish: _____   Score: _____

1	2	3	4	5	6
1 0 − 4 = *6*	8 − 4 = *4*	6 − 4 = *2*	9 − 4 = *5*	8 − 4 = *4*	5 − 4 = *1*

7	8	9	10	11	12
6 − 4 = *2*	4 − 4 = *0*	1 0 − 4 = *6*	7 − 4 = *3*	1 0 − 4 = *6*	4 − 4 = *0*

13	14	15	16	17	18
7 − 4 = *3*	9 − 4 = *5*	6 − 4 = *2*	8 − 4 = *4*	5 − 4 = *1*	5 − 4 = *1*

SET I   Date: _____   Start: _____   Finish: _____   Score: _____

1	**2**	**3**	**4**	**5**	**6**
1 0 - 5 5	7 - 5 2	9 - 5 4	6 - 5 1	5 - 5 0	8 - 5 3
7	**8**	**9**	**10**	**11**	**12**
7 - 5 2	8 - 5 3	6 - 5 1	9 - 5 4	5 - 5 0	1 0 - 5 5
13	**14**	**15**	**16**	**17**	**18**
6 - 5 1	9 - 5 4	5 - 5 0	7 - 5 2	8 - 5 3	1 0 - 5 5

SET II   Date: _____   Start: _____   Finish: _____   Score: _____

1	**2**	**3**	**4**	**5**	**6**
5 - 5 0	8 - 5 3	1 0 - 5 5	7 - 5 2	6 - 5 1	9 - 5 4
7	**8**	**9**	**10**	**11**	**12**
8 - 5 3	7 - 5 2	1 0 - 5 5	6 - 5 1	5 - 5 0	9 - 5 4
13	**14**	**15**	**16**	**17**	**18**
6 - 5 1	1 0 - 5 5	9 - 5 4	5 - 5 0	7 - 5 2	8 - 5 3

SET I Date: _____ Start: _____ Finish: _____ Score: _____

1	**2**	**3**	**4**	**5**	**6**
1 0 - 5 5	7 - 5 2	6 - 5 1	9 - 5 4	5 - 5 0	8 - 5 3
7	**8**	**9**	**10**	**11**	**12**
6 - 5 1	5 - 5 0	8 - 5 3	7 - 5 2	1 0 - 5 5	9 - 5 4
13	**14**	**15**	**16**	**17**	**18**
8 - 5 3	6 - 5 1	7 - 5 2	1 0 - 5 5	5 - 5 0	9 - 5 4

SET II Date: _____ Start: _____ Finish: _____ Score: _____

1	**2**	**3**	**4**	**5**	**6**
9 - 5 4	6 - 5 1	8 - 5 3	5 - 5 0	1 0 - 5 5	7 - 5 2
7	**8**	**9**	**10**	**11**	**12**
1 0 - 5 5	7 - 5 2	5 - 5 0	9 - 5 4	8 - 5 3	6 - 5 1
13	**14**	**15**	**16**	**17**	**18**
8 - 5 3	9 - 5 4	7 - 5 2	6 - 5 5	1 0 - 5 5	5 - 5 0

SET I

Date: _____ Start: _____ Finish: _____ Score: _____

1
9
- 5
4

2
7
- 5
2

3
6
- 5
1

4
5
- 5
0

5
8
- 5
3

6
1 0
- 5
5

7
1 0
- 5
5

8
5
- 5
0

9
9
- 5
4

10
7
- 5
2

11
8
- 5
3

12
6
- 5
1

13
8
- 5
3

14
9
- 5
4

15
1 0
- 5
5

16
6
- 5
1

17
7
- 5
2

18
5
- 5
0

SET II

Date: _____ Start: _____ Finish: _____ Score: _____

1
9
- 5
4

2
7
- 5
2

3
6
- 5
1

4
1 0
- 5
5

5
5
- 5
0

6
8
- 5
3

7
8
- 5
3

8
5
- 5
0

9
9
- 5
4

10
6
- 5
1

11
7
- 5
2

12
1 0
- 5
5

13
8
- 5
3

14
6
- 5
1

15
5
- 5
0

16
9
- 5
4

17
7
- 5
2

18
1 0
- 5
5

Subtraction Facts

25

SET I Date:_____ Start:_____ Finish:_____ Score:_____

1.
```
    5
-   5
-----
    6
```

2.
```
    9
-   5
-----
    4
```

3.
```
    8
-   5
-----
    3
```

4.
```
    7
-   5
-----
    2
```

5.
```
  1 0
-   5
-----
    5
```

6.
```
    6
-   5
-----
    1
```

7.
```
    8
-   5
-----
    3
```

8.
```
    5
-   5
-----
    0
```

9.
```
    9
-   5
-----
    4
```

10.
```
    7
-   5
-----
    2
```

11.
```
  1 0
-   5
-----
    5
```

12.
```
    6
-   5
-----
    1
```

13.
```
    5
-   5
-----
    0
```

14.
```
    8
-   5
-----
    3
```

15.
```
    9
-   5
-----
    4
```

16.
```
  1 0
-   5
-----
    5
```

17.
```
    7
-   5
-----
    2
```

18.
```
    6
-   5
-----
    1
```

SET II Date:_____ Start:_____ Finish:_____ Score:_____

1.
```
  1 0
-   5
-----
    5
```

2.
```
    7
-   5
-----
    2
```

3.
```
    9
-   5
-----
    4
```

4.
```
    8
-   5
-----
    3
```

5.
```
    5
-   5
-----
    0
```

6.
```
    6
-   5
-----
    1
```

7.
```
  1 0
-   5
-----
    5
```

8.
```
    8
-   5
-----
    3
```

9.
```
    6
-   5
-----
    1
```

10.
```
    5
-   5
-----
    0
```

11.
```
    9
-   5
-----
    4
```

12.
```
    7
-   5
-----
    2
```

13.
```
  1 0
-   5
-----
    5
```

14.
```
    6
-   5
-----
    1
```

15.
```
    9
-   5
-----
    4
```

16.
```
    8
-   5
-----
    3
```

17.
```
    5
-   5
-----
    0
```

18.
```
    7
-   5
-----
    2
```

SET I   Date: _____   Start: _____   Finish: _____   Score: _____

(1) 8 - 4 = 4	(2) 5 - 5 = 0	(3) 6 - 5 = 1	(4) 9 - 4 = 5	(5) 1 0 - 4 = 6	(6) 9 - 5 = 4
(7) 1 0 - 5 = 5	(8) 8 - 4 = 4	(9) 4 - 4 = 0	(10) 7 - 5 = 2	(11) 5 - 5 = 0	(12) 9 - 4 = 5
(13) 6 - 4 = 2	(14) 1 0 - 5 = 5	(15) 1 0 - 4 = 6	(16) 9 - 5 = 4	(17) 4 - 4 = 0	(18) 6 - 5 = 1

SET II   Date: _____   Start: _____   Finish: _____   Score: _____

(1) 4 - 4 = 0	(2) 1 0 - 5 = 5	(3) 5 - 4 = 1	(4) 8 - 5 = 3	(5) 9 - 4 = 5	(6) 6 - 5 = 1
(7) 1 0 - 5 = 5	(8) 6 - 4 = 2	(9) 9 - 5 = 4	(10) 1 0 - 4 = 6	(11) 7 - 4 = 3	(12) 6 - 5 = 1
(13) 1 0 - 5 = 5	(14) 5 - 4 = 1	(15) 7 - 4 = 3	(16) 6 - 5 = 1	(17) 9 - 5 = 4	(18) 9 - 4 = 5

SET I   Date: _____   Start: _____   Finish: _____   Score: _____

1	2	3	4	5	6
6 - 4 **2**	6 - 5 **1**	7 - 4 **3**	1 0 - 5 **5**	9 - 4 **6**	5 - 5 **0**

7	8	9	10	11	12
7 - 5 **2**	7 - 4 **3**	9 - 5 **4**	4 - 4 **0**	1 0 - 5 **5**	6 - 4 **2**

13	14	15	16	17	18
5 - 4 **1**	1 0 - 5 **5**	5 - 4 **1**	8 - 5 **3**	5 - 5 **0**	8 - 4 **4**

SET II   Date: _____   Start: _____   Finish: _____   Score: _____

1	2	3	4	5	6
8 - 4	5 - 5	6 - 5	6 - 4	4 - 4	8 - 5

7	8	9	10	11	12
7 - 4	6 - 5	7 - 5	8 - 4	9 - 5	6 - 4

13	14	15	16	17	18
7 - 4	1 0 - 5	1 0 - 4	9 - 5	7 - 4	6 - 5

Subtraction Facts

SET I   Date: _____   Start: _____   Finish: _____   Score: _____

1	2	3	4	5	6
1 0 - 4	6 - 5	5 - 4	7 - 5	5 - 5	8 - 4

7	8	9	10	11	12
5 - 5	4 - 4	6 - 4	1 0 - 5	6 - 5	1 0 - 4

13	14	15	16	17	18
8 - 4	7 - 5	8 - 5	5 - 4	6 - 4	5 - 5

SET II   Date: _____   Start: _____   Finish: _____   Score: _____

1	2	3	4	5	6
5 - 4	5 - 5	1 0 - 4	9 - 5	4 - 4	6 - 5

7	8	9	10	11	12
9 - 4	9 - 5	1 0 - 5	8 - 4	8 - 5	9 - 4

13	14	15	16	17	18
1 0 - 5	4 - 4	5 - 5	5 - 4	9 - 5	6 - 4

SET I Date: _____ Start: _____ Finish: _____ Score: _____

1	2	3	4	5	6
7 - 5	7 - 4	9 - 5	5 - 4	9 - 4	5 - 5

7	8	9	10	11	12
6 - 5	1 0 - 4	9 - 5	7 - 4	1 0 - 5	9 - 4

13	14	15	16	17	18
8 - 4	7 - 5	8 - 4	9 - 5	9 - 4	6 - 5

SET II Date: _____ Start: _____ Finish: _____ Score: _____

1	2	3	4	5	6
1 0 - 5	9 - 4	4 - 4	9 - 5	6 - 4	7 - 5

7	8	9	10	11	12
1 0 - 4	6 - 5	1 0 - 4	5 - 5	8 - 4	9 - 5

13	14	15	16	17	18
6 - 4	6 - 5	5 - 5	9 - 4	8 - 4	8 - 5

SET I Date: _____ Start: _____ Finish: _____ Score: _____

1.
$$10 - 5$$

2.
$$7 - 4$$

3.
$$1 - 1$$

4.
$$2 - 2$$

5.
$$3 - 3$$

6.
$$5 - 4$$

7.
$$5 - 2$$

8.
$$7 - 5$$

9.
$$10 - 1$$

10.
$$5 - 3$$

11.
$$8 - 5$$

12.
$$2 - 1$$

13.
$$7 - 2$$

14.
$$6 - 3$$

15.
$$7 - 4$$

16.
$$6 - 5$$

17.
$$7 - 2$$

18.
$$7 - 3$$

SET II Date: _____ Start: _____ Finish: _____ Score: _____

1.
$$4 - 4$$

2.
$$4 - 1$$

3.
$$8 - 4$$

4.
$$5 - 5$$

5.
$$4 - 2$$

6.
$$10 - 3$$

7.
$$9 - 1$$

8.
$$7 - 2$$

9.
$$8 - 3$$

10.
$$9 - 4$$

11.
$$7 - 5$$

12.
$$4 - 1$$

13.
$$1 - 1$$

14.
$$4 - 2$$

15.
$$8 - 5$$

16.
$$5 - 4$$

17.
$$3 - 3$$

18.
$$4 - 4$$

SET I   Date: _____   Start: _____   Finish: _____   Score: _____

1	2	3	4	5	6
8 - 5	7 - 2	7 - 3	4 - 4	7 - 1	8 - 2

7	8	9	10	11	12
7 - 5	1 - 1	9 - 4	4 - 3	9 - 5	7 - 4

13	14	15	16	17	18
3 - 2	8 - 1	7 - 3	3 - 3	2 - 1	6 - 5

SET II   Date: _____   Start: _____   Finish: _____   Score: _____

1	2	3	4	5	6
6 - 4	6 - 2	8 - 2	9 - 4	1 0 - 3	7 - 5

7	8	9	10	11	12
1 0 - 1	1 - 1	6 - 5	1 0 - 4	2 - 2	7 - 3

13	14	15	16	17	18
1 0 - 2	5 - 5	5 - 3	9 - 1	9 - 4	6 - 5

SET I Date: _____ Start: _____ Finish: _____ Score: _____

1.
```
  1 0
-   4
```

2.
```
  1 0
-   2
```

3.
```
    8
-   3
```

4.
```
    9
-   1
```

5.
```
    8
-   5
```

6.
```
    3
-   2
```

7.
```
  1 0
-   5
```

8.
```
  1 0
-   3
```

9.
```
    5
-   4
```

10.
```
    5
-   1
```

11.
```
    6
-   2
```

12.
```
    5
-   5
```

13.
```
    9
-   1
```

14.
```
    8
-   4
```

15.
```
    9
-   3
```

16.
```
    2
-   2
```

17.
```
    7
-   5
```

18.
```
    1
-   1
```

SET II Date: _____ Start: _____ Finish: _____ Score: _____

1.
```
    6
-   3
```

2.
```
  1 0
-   4
```

3.
```
    9
-   1
```

4.
```
    7
-   2
```

5.
```
    8
-   4
```

6.
```
    8
-   5
```

7.
```
  1 0
-   3
```

8.
```
    9
-   5
```

9.
```
    7
-   4
```

10.
```
    4
-   1
```

11.
```
    3
-   3
```

12.
```
    3
-   2
```

13.
```
    4
-   1
```

14.
```
    7
-   5
```

15.
```
    6
-   3
```

16.
```
    8
-   4
```

17.
```
  1 0
-   2
```

18.
```
    9
-   3
```

Subtraction Facts

SET I   Date: _____   Start: _____   Finish: _____   Score: _____

1	2	3	4	5	6
1 0 - 1	6 - 4	1 0 - 3	9 - 5	3 - 2	9 - 1

7	8	9	10	11	12
8 - 3	8 - 4	6 - 5	7 - 2	1 0 - 2	5 - 4

13	14	15	16	17	18
7 - 5	6 - 3	2 - 1	6 - 1	9 - 3	9 - 5

SET II   Date: _____   Start: _____   Finish: _____   Score: _____

1	2	3	4	5	6
2 - 2	4 - 4	9 - 2	9 - 5	1 0 - 3	1 0 - 1

7	8	9	10	11	12
1 0 - 4	2 - 1	5 - 2	5 - 4	8 - 5	7 - 3

13	14	15	16	17	18
1 0 - 5	6 - 4	4 - 1	8 - 2	3 - 3	9 - 1

SET I

Date: _____ Start: _____ Finish: _____ Score: _____

1	2	3	4	5	6
9 - 5	9 - 2	5 - 1	1 0 - 4	5 - 3	7 - 1

7	8	9	10	11	12
6 - 2	6 - 5	7 - 4	8 - 3	3 - 3	5 - 1

13	14	15	16	17	18
2 - 2	5 - 5	7 - 4	6 - 5	5 - 4	7 - 1

SET II

Date: _____ Start: _____ Finish: _____ Score: _____

1	2	3	4	5	6
8 - 3	1 0 - 2	5 - 1	7 - 5	9 - 2	1 0 - 3

7	8	9	10	11	12
5 - 4	8 - 5	2 - 1	7 - 2	9 - 4	3 - 3

13	14	15	16	17	18
1 - 1	1 0 - 3	5 - 4	6 - 2	5 - 5	7 - 3

SET I   Date:_____   Start:_____   Finish:_____   Score:_____

1
10
- **5**

2
5
- **4**

3
8
- **1**

4
4
- **3**

5
7
- **2**

6
8
- **2**

7
4
- **4**

8
6
- **3**

9
6
- **1**

10
6
- **5**

11
4
- **1**

12
6
- **2**

13
3
- **3**

14
7
- **4**

15
6
- **5**

16
5
- **3**

17
8
- **5**

18
7
- **4**

SET II   Date:_____   Start:_____   Finish:_____   Score:_____

1
8
- **2**

2
3
- **1**

3
4
- **1**

4
6
- **5**

5
3
- **2**

6
5
- **4**

7
9
- **3**

8
2
- **2**

9
10
- **1**

10
8
- **4**

11
9
- **3**

12
6
- **5**

13
7
- **1**

14
4
- **3**

15
7
- **5**

16
2
- **2**

17
9
- **4**

18
5
- **4**

SET I

Date: _____ Start: _____ Finish: _____ Score: _____

1	2	3	4	5	6
7 - 6	1 1 - 6	8 - 6	1 3 - 6	1 2 - 6	6 - 6

7	8	9	10	11	12
1 0 - 6	1 4 - 6	9 - 6	1 5 - 6	1 2 - 6	8 - 6

13	14	15	16	17	18
1 0 - 6	1 1 - 6	6 - 6	1 5 - 6	1 3 - 6	7 - 6

SET II

Date: _____ Start: _____ Finish: _____ Score: _____

1	2	3	4	5	6
9 - 6	1 4 - 6	1 1 - 6	1 5 - 6	1 2 - 6	8 - 6

7	8	9	10	11	12
7 - 6	1 0 - 6	9 - 6	1 3 - 6	1 4 - 6	6 - 6

13	14	15	16	17	18
1 2 - 6	9 - 6	1 5 - 6	8 - 6	1 0 - 6	1 1 - 6

SET I   Date: _____   Start: _____   Finish: _____   Score: _____

1
```
  1 5
-   6
```

2
```
  1 4
-   6
```

3
```
    8
-   6
```

4
```
  1 0
-   6
```

5
```
  1 1
-   6
```

6
```
  1 3
-   6
```

7
```
    6
-   6
```

8
```
  1 2
-   6
```

9
```
    9
-   6
```

10
```
    7
-   6
```

11
```
    7
-   6
```

12
```
    6
-   6
```

13
```
    8
-   6
```

14
```
    9
-   6
```

15
```
  1 5
-   6
```

16
```
  1 0
-   6
```

17
```
  1 3
-   6
```

18
```
  1 2
-   6
```

SET II   Date: _____   Start: _____   Finish: _____   Score: _____

1
```
  1 1
-   6
```

2
```
  1 4
-   6
```

3
```
  1 4
-   6
```

4
```
  1 2
-   6
```

5
```
    8
-   6
```

6
```
  1 5
-   6
```

7
```
  1 1
-   6
```

8
```
    9
-   6
```

9
```
    6
-   6
```

10
```
  1 3
-   6
```

11
```
  1 0
-   6
```

12
```
    7
-   6
```

13
```
  1 2
-   6
```

14
```
    7
-   6
```

15
```
  1 0
-   6
```

16
```
    8
-   6
```

17
```
  1 3
-   6
```

18
```
  1 1
-   6
```

Subtraction Facts

SET I Date: _____ Start: _____ Finish: _____ Score: _____

1
```
  1 5
-   6
```

2
```
  1 3
-   6
```

3
```
  1 0
-   6
```

4
```
    7
-   6
```

5
```
    9
-   6
```

6
```
  1 4
-   6
```

7
```
  1 2
-   6
```

8
```
    6
-   6
```

9
```
    8
-   6
```

10
```
  1 1
-   6
```

11
```
    9
-   6
```

12
```
    6
-   6
```

13
```
  1 2
-   6
```

14
```
  1 0
-   6
```

15
```
    8
-   6
```

16
```
  1 5
-   6
```

17
```
  1 4
-   6
```

18
```
  1 3
-   6
```

SET II Date: _____ Start: _____ Finish: _____ Score: _____

1
```
  1 1
-   6
```

2
```
    7
-   6
```

3
```
  1 3
-   6
```

4
```
  1 1
-   6
```

5
```
  1 0
-   6
```

6
```
    9
-   6
```

7
```
    6
-   6
```

8
```
  1 4
-   6
```

9
```
  1 5
-   6
```

10
```
  1 2
-   6
```

11
```
    7
-   6
```

12
```
    8
-   6
```

13
```
  1 0
-   6
```

14
```
    9
-   6
```

15
```
  1 5
-   6
```

16
```
    6
-   6
```

17
```
    7
-   6
```

18
```
  1 1
-   6
```

SET I   Date: _____ Start: _____ Finish: _____ Score: _____

1
```
  1 5
-   6
```

2
```
  1 1
-   6
```

3
```
    7
-   6
```

4
```
  1 3
-   6
```

5
```
  1 0
-   6
```

6
```
    9
-   6
```

7
```
  1 2
-   6
```

8
```
  1 4
-   6
```

9
```
    8
-   6
```

10
```
    6
-   6
```

11
```
    8
-   6
```

12
```
    6
-   6
```

13
```
    7
-   6
```

14
```
  1 3
-   6
```

15
```
    9
-   6
```

16
```
  1 4
-   6
```

17
```
  1 0
-   6
```

18
```
  1 5
-   6
```

SET II Date: _____ Start: _____ Finish: _____ Score: _____

1
```
  1 1
-   6
```

2
```
  1 2
-   6
```

3
```
    9
-   6
```

4
```
  1 3
-   6
```

5
```
    6
-   6
```

6
```
  1 2
-   6
```

7
```
  1 0
-   6
```

8
```
  1 1
-   6
```

9
```
    8
-   6
```

10
```
    7
-   6
```

11
```
  1 4
-   6
```

12
```
  1 5
-   6
```

13
```
    6
-   6
```

14
```
    7
-   6
```

15
```
  1 2
-   6
```

16
```
  1 1
-   6
```

17
```
  1 3
-   6
```

18
```
    9
-   6
```

SET I Date: _____ Start: _____ Finish: _____ Score: _____

1)
```
    9
-   7
_____
```

2)
```
  1 5
-   7
_____
```

3)
```
  1 4
-   7
_____
```

4)
```
    8
-   7
_____
```

5)
```
  1 1
-   7
_____
```

6)
```
  1 3
-   7
_____
```

7)
```
  1 2
-   7
_____
```

8)
```
  1 0
-   7
_____
```

9)
```
    7
-   7
_____
```

10)
```
    7
-   7
_____
```

11)
```
  1 1
-   7
_____
```

12)
```
  1 0
-   7
_____
```

13)
```
  1 2
-   7
_____
```

14)
```
  1 5
-   7
_____
```

15)
```
    9
-   7
_____
```

16)
```
  1 4
-   7
_____
```

17)
```
    8
-   7
_____
```

18)
```
  1 3
-   7
_____
```

SET II Date: _____ Start: _____ Finish: _____ Score: _____

1)
```
  1 2
-   7
_____
```

2)
```
  1 5
-   7
_____
```

3)
```
  1 1
-   7
_____
```

4)
```
    9
-   7
_____
```

5)
```
    8
-   7
_____
```

6)
```
  1 3
-   7
_____
```

7)
```
  1 0
-   7
_____
```

8)
```
    7
-   7
_____
```

9)
```
  1 4
-   7
_____
```

10)
```
  1 0
-   7
_____
```

11)
```
    8
-   7
_____
```

12)
```
    9
-   7
_____
```

13)
```
  1 3
-   7
_____
```

14)
```
    7
-   7
_____
```

15)
```
  1 1
-   7
_____
```

16)
```
  1 2
-   7
_____
```

17)
```
  1 5
-   7
_____
```

18)
```
  1 4
-   7
_____
```

SET I Date: _____ Start: _____ Finish: _____ Score: _____

1)
```
  1 0
-   7
```

2)
```
  1 5
-   7
```

3)
```
  1 2
-   7
```

4)
```
  1 4
-   7
```

5)
```
  1 1
-   7
```

6)
```
    7
-   7
```

7)
```
    8
-   7
```

8)
```
    9
-   7
```

9)
```
  1 3
-   7
```

10)
```
  1 5
-   7
```

11)
```
    7
-   7
```

12)
```
  1 2
-   7
```

13)
```
    8
-   7
```

14)
```
  1 4
-   7
```

15)
```
  1 3
-   7
```

16)
```
  1 1
-   7
```

17)
```
    9
-   7
```

18)
```
  1 0
-   7
```

SET II Date: _____ Start: _____ Finish: _____ Score: _____

1)
```
    7
-   7
```

2)
```
  1 2
-   7
```

3)
```
  1 3
-   7
```

4)
```
    9
-   7
```

5)
```
  1 1
-   7
```

6)
```
    8
-   7
```

7)
```
  1 4
-   7
```

8)
```
  1 5
-   7
```

9)
```
  1 0
-   7
```

10)
```
    7
-   7
```

11)
```
    8
-   7
```

12)
```
    9
-   7
```

13)
```
  1 4
-   7
```

14)
```
  1 3
-   7
```

15)
```
  1 2
-   7
```

16)
```
  1 5
-   7
```

17)
```
  1 1
-   7
```

18)
```
  1 0
-   7
```

SET I   Date: _____   Start: _____   Finish: _____   Score: _____

1
```
    8
-   7
```

2
```
  1 4
-   7
```

3
```
    9
-   7
```

4
```
  1 5
-   7
```

5
```
  1 0
-   7
```

6
```
  1 1
-   7
```

7
```
  1 2
-   7
```

8
```
    7
-   7
```

9
```
  1 3
-   7
```

10
```
  1 2
-   7
```

11
```
    9
-   7
```

12
```
  1 5
-   7
```

13
```
  1 0
-   7
```

14
```
    7
-   7
```

15
```
    8
-   7
```

16
```
  1 4
-   7
```

17
```
  1 1
-   7
```

18
```
  1 3
-   7
```

SET II   Date: _____   Start: _____   Finish: _____   Score: _____

1
```
  1 1
-   7
```

2
```
    9
-   7
```

3
```
  1 4
-   7
```

4
```
    8
-   7
```

5
```
  1 5
-   7
```

6
```
  1 3
-   7
```

7
```
  1 2
-   7
```

8
```
  1 0
-   7
```

9
```
    7
-   7
```

10
```
  1 0
-   7
```

11
```
  1 5
-   7
```

12
```
  1 4
-   7
```

13
```
  1 1
-   7
```

14
```
  1 2
-   7
```

15
```
    9
-   7
```

16
```
    8
-   7
```

17
```
  1 3
-   7
```

18
```
    7
-   7
```

SET I Date: _____ Start: _____ Finish: _____ Score: _____

1
```
    9
-   7
```

2
```
  1 4
-   7
```

3
```
  1 1
-   7
```

4
```
  1 0
-   7
```

5
```
    8
-   7
```

6
```
  1 3
-   7
```

7
```
  1 5
-   7
```

8
```
    7
-   7
```

9
```
  1 2
-   7
```

10
```
  1 5
-   7
```

11
```
  1 1
-   7
```

12
```
  1 3
-   7
```

13
```
    9
-   7
```

14
```
  1 4
-   7
```

15
```
  1 0
-   7
```

16
```
    7
-   7
```

17
```
  1 2
-   7
```

18
```
    8
-   7
```

SET II Date: _____ Start: _____ Finish: _____ Score: _____

1
```
    7
-   7
```

2
```
    8
-   7
```

3
```
    9
-   7
```

4
```
  1 5
-   7
```

5
```
  1 0
-   7
```

6
```
  1 1
-   7
```

7
```
  1 3
-   7
```

8
```
  1 4
-   7
```

9
```
  1 2
-   7
```

10
```
  1 4
-   7
```

11
```
  1 5
-   7
```

12
```
    8
-   7
```

13
```
  1 3
-   7
```

14
```
    9
-   7
```

15
```
  1 1
-   7
```

16
```
    7
-   7
```

17
```
  1 2
-   7
```

18
```
  1 0
-   7
```

SET I

Date: _____   Start: _____   Finish: _____   Score: _____

1	2	3	4	5	6
1 5 - 8	1 2 - 8	9 - 8	1 0 - 8	1 4 - 8	8 - 8

7	8	9	10	11	12
1 3 - 8	1 1 - 8	9 - 8	1 1 - 8	1 5 - 8	1 2 - 8

13	14	15	16	17	18
1 3 - 8	1 4 - 8	8 - 8	1 0 - 8	1 1 - 8	1 0 - 8

SET II

Date: _____   Start: _____   Finish: _____   Score: _____

1	2	3	4	5	6
1 2 - 8	1 5 - 8	1 3 - 8	9 - 8	1 4 - 8	8 - 8

7	8	9	10	11	12
1 1 - 8	8 - 8	1 3 - 8	1 2 - 8	1 4 - 8	1 0 - 8

13	14	15	16	17	18
9 - 8	1 5 - 8	1 5 - 8	1 1 - 8	1 0 - 8	1 3 - 8

SET I Date: _____ Start: _____ Finish: _____ Score: _____

①
```
    8
-   8
```

②
```
  1 1
-   8
```

③
```
  1 0
-   8
```

④
```
  1 3
-   8
```

⑤
```
  1 4
-   8
```

⑥
```
  1 2
-   8
```

⑦
```
  1 5
-   8
```

⑧
```
    9
-   8
```

⑨
```
  1 5
-   8
```

⑩
```
  1 4
-   8
```

⑪
```
    8
-   8
```

⑫
```
  1 1
-   8
```

⑬
```
  1 0
-   8
```

⑭
```
    9
-   8
```

⑮
```
  1 3
-   8
```

⑯
```
  1 2
-   8
```

⑰
```
    9
-   8
```

⑱
```
  1 0
-   8
```

SET II Date: _____ Start: _____ Finish: _____ Score: _____

①
```
    8
-   8
```

②
```
  1 5
-   8
```

③
```
  1 2
-   8
```

④
```
  1 4
-   8
```

⑤
```
  1 1
-   8
```

⑥
```
  1 3
-   8
```

⑦
```
  1 2
-   8
```

⑧
```
    9
-   8
```

⑨
```
  1 5
-   8
```

⑩
```
  1 1
-   8
```

⑪
```
  1 4
-   8
```

⑫
```
  1 3
-   8
```

⑬
```
    8
-   8
```

⑭
```
  1 0
-   8
```

⑮
```
  1 4
-   8
```

⑯
```
  1 2
-   8
```

⑰
```
    9
-   8
```

⑱
```
  1 1
-   8
```

SET I   Date: _____   Start: _____   Finish: _____   Score: _____

(1)	(2)	(3)	(4)	(5)	(6)
1 2 - 8	1 5 - 8	8 - 8	1 4 - 8	1 1 - 8	9 - 8

(7)	(8)	(9)	(10)	(11)	(12)
1 3 - 8	1 0 - 8	1 5 - 8	8 - 8	9 - 8	1 0 - 8

(13)	(14)	(15)	(16)	(17)	(18)
1 2 - 8	1 4 - 8	1 3 - 8	1 1 - 8	1 5 - 8	9 - 8

SET II   Date: _____   Start: _____   Finish: _____   Score: _____

(1)	(2)	(3)	(4)	(5)	(6)
1 3 - 8	1 2 - 8	8 - 8	1 1 - 8	1 4 - 8	1 0 - 8

(7)	(8)	(9)	(10)	(11)	(12)
1 0 - 8	1 3 - 8	1 5 - 8	8 - 8	1 2 - 8	1 1 - 8

(13)	(14)	(15)	(16)	(17)	(18)
1 4 - 8	9 - 8	1 4 - 8	1 5 - 8	8 - 8	1 1 - 8

SET I   Date:_____   Start:_____   Finish:_____   Score:_____

1	2	3	4	5	6
1 5 - 8	9 - 8	1 2 - 8	1 0 - 8	1 4 - 8	1 3 - 8

7	8	9	10	11	12
8 - 8	1 1 - 8	1 4 - 8	1 0 - 8	1 5 - 8	8 - 8

13	14	15	16	17	18
9 - 8	1 1 - 8	1 2 - 8	1 3 - 8	8 - 8	1 4 - 8

SET II   Date:_____   Start:_____   Finish:_____   Score:_____

1	2	3	4	5	6
1 1 - 8	1 0 - 8	9 - 8	1 3 - 8	1 5 - 8	1 2 - 8

7	8	9	10	11	12
1 0 - 8	8 - 8	1 5 - 8	9 - 8	1 3 - 8	1 2 - 8

13	14	15	16	17	18
1 4 - 8	1 1 - 8	1 5 - 8	9 - 8	1 0 - 8	1 2 - 8

SET I

Date: _____ Start: _____ Finish: _____ Score: _____

1
```
    8
-   6
```

2
```
    9
-   7
```

3
```
  1 3
-   8
```

4
```
    8
-   8
```

5
```
  1 4
-   6
```

6
```
  1 0
-   7
```

7
```
  1 0
-   8
```

8
```
  1 0
-   6
```

9
```
    8
-   7
```

10
```
    8
-   7
```

11
```
  1 0
-   8
```

12
```
  1 1
-   6
```

13
```
  1 0
-   8
```

14
```
  1 4
-   6
```

15
```
    9
-   7
```

16
```
    8
-   8
```

17
```
  1 1
-   6
```

18
```
  1 3
-   7
```

SET II

Date: _____ Start: _____ Finish: _____ Score: _____

1
```
  1 5
-   8
```

2
```
    7
-   6
```

3
```
    7
-   7
```

4
```
  1 0
-   8
```

5
```
    9
-   6
```

6
```
  1 4
-   7
```

7
```
    9
-   7
```

8
```
  1 0
-   8
```

9
```
  1 0
-   6
```

10
```
  1 4
-   8
```

11
```
  1 4
-   7
```

12
```
  1 4
-   6
```

13
```
  1 2
-   8
```

14
```
    8
-   6
```

15
```
  1 3
-   7
```

16
```
    7
-   6
```

17
```
  1 3
-   8
```

18
```
    9
-   7
```

SET I Date: _____ Start: _____ Finish: _____ Score: _____

1.
```
  1 4
-   7
```

2.
```
    6
-   6
```

3.
```
  1 5
-   8
```

4.
```
    8
-   6
```

5.
```
    8
-   8
```

6.
```
  1 2
-   7
```

7.
```
  1 2
-   8
```

8.
```
  1 0
-   7
```

9.
```
  1 4
-   6
```

10.
```
    7
-   6
```

11.
```
  1 5
-   8
```

12.
```
  1 0
-   7
```

13.
```
  1 3
-   7
```

14.
```
    9
-   8
```

15.
```
  1 0
-   6
```

16.
```
  1 5
-   7
```

17.
```
    8
-   8
```

18.
```
  1 2
-   6
```

SET II Date: _____ Start: _____ Finish: _____ Score: _____

1.
```
    7
-   7
```

2.
```
  1 3
-   6
```

3.
```
  1 3
-   8
```

4.
```
    9
-   8
```

5.
```
  1 3
-   6
```

6.
```
  1 3
-   7
```

7.
```
  1 0
-   8
```

8.
```
  1 3
-   6
```

9.
```
  1 0
-   7
```

10.
```
    8
-   8
```

11.
```
    7
-   7
```

12.
```
    8
-   6
```

13.
```
  1 3
-   8
```

14.
```
  1 3
-   7
```

15.
```
  1 2
-   6
```

16.
```
  1 1
-   7
```

17.
```
  1 3
-   8
```

18.
```
    9
-   6
```

SET I   Date: _____   Start: _____   Finish: _____   Score: _____

1
```
  1 3
-   8
```

2
```
  1 0
-   7
```

3
```
  1 1
-   6
```

4
```
  1 0
-   8
```

5
```
    8
-   7
```

6
```
  1 4
-   6
```

7
```
  1 4
-   8
```

8
```
    8
-   6
```

9
```
  1 5
-   7
```

10
```
    7
-   6
```

11
```
  1 2
-   7
```

12
```
  1 3
-   8
```

13
```
    8
-   7
```

14
```
  1 1
-   8
```

15
```
  1 4
-   6
```

16
```
  1 0
-   7
```

17
```
    8
-   8
```

18
```
    7
-   6
```

SET II   Date: _____   Start: _____   Finish: _____   Score: _____

1
```
  1 1
-   6
```

2
```
  1 2
-   8
```

3
```
  1 1
-   7
```

4
```
    6
-   6
```

5
```
  1 0
-   8
```

6
```
    7
-   7
```

7
```
    7
-   6
```

8
```
  1 2
-   8
```

9
```
  1 0
-   7
```

10
```
    6
-   6
```

11
```
    7
-   7
```

12
```
  1 4
-   8
```

13
```
  1 3
-   8
```

14
```
  1 5
-   6
```

15
```
  1 3
-   7
```

16
```
    9
-   6
```

17
```
  1 0
-   7
```

18
```
  1 2
-   8
```

SET I Date: _____ Start: _____ Finish: _____ Score: _____

1	2	3	4	5	6
9 - 7	9 - 6	8 - 8	1 5 - 6	1 2 - 7	1 2 - 8

7	8	9	10	11	12
1 0 - 8	8 - 6	1 3 - 7	1 2 - 7	1 0 - 8	1 5 - 6

13	14	15	16	17	18
1 4 - 8	1 2 - 7	1 2 - 6	9 - 8	9 - 7	1 1 - 6

SET II Date: _____ Start: _____ Finish: _____ Score: _____

1	2	3	4	5	6
1 5 - 8	8 - 6	8 - 7	9 - 6	1 5 - 7	8 - 8

7	8	9	10	11	12
8 - 7	6 - 6	1 4 - 8	1 2 - 8	1 5 - 7	1 4 - 6

13	14	15	16	17	18
1 3 - 8	7 - 7	1 2 - 6	9 - 7	8 - 6	1 3 - 8

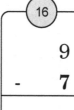
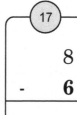
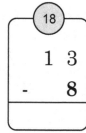

Subtraction Facts

SET I Date: _____ Start: _____ Finish: _____ Score: _____

1	2	3	4	5	6
1 4 - 9	1 2 - 9	1 1 - 9	1 5 - 9	1 3 - 9	9 - 9

7	8	9	10	11	12
1 0 - 9	1 2 - 9	1 5 - 9	1 0 - 9	9 - 9	1 1 - 9

13	14	15	16	17	18
1 4 - 9	1 3 - 9	9 - 9	1 4 - 9	1 5 - 9	1 0 - 9

SET II Date: _____ Start: _____ Finish: _____ Score: _____

1	2	3	4	5	6
1 2 - 9	1 1 - 9	1 3 - 9	1 5 - 9	9 - 9	1 2 - 9

7	8	9	10	11	12
1 3 - 9	1 4 - 9	1 0 - 9	1 1 - 9	1 0 - 9	1 5 - 9

13	14	15	16	17	18
1 4 - 9	1 2 - 9	1 3 - 9	9 - 9	1 1 - 9	9 - 9

SET I   Date:_____   Start:_____   Finish:_____   Score:_____

1.
```
  1 4
-   9
```

2.
```
  1 5
-   9
```

3.
```
    9
-   9
```

4.
```
  1 2
-   9
```

5.
```
  1 0
-   9
```

6.
```
  1 3
-   9
```

7.
```
  1 1
-   9
```

8.
```
  1 3
-   9
```

9.
```
  1 5
-   9
```

10.
```
  1 1
-   9
```

11.
```
    9
-   9
```

12.
```
  1 4
-   9
```

13.
```
  1 0
-   9
```

14.
```
  1 2
-   9
```

15.
```
  1 4
-   9
```

16.
```
    9
-   9
```

17.
```
  1 5
-   9
```

18.
```
  1 3
-   9
```

SET II   Date:_____   Start:_____   Finish:_____   Score:_____

1.
```
  1 0
-   9
```

2.
```
  1 2
-   9
```

3.
```
  1 1
-   9
```

4.
```
    9
-   9
```

5.
```
  1 0
-   9
```

6.
```
  1 4
-   9
```

7.
```
  1 3
-   9
```

8.
```
  1 2
-   9
```

9.
```
  1 1
-   9
```

10.
```
  1 5
-   9
```

11.
```
  1 0
-   9
```

12.
```
  1 3
-   9
```

13.
```
  1 2
-   9
```

14.
```
  1 1
-   9
```

15.
```
  1 4
-   9
```

16.
```
    9
-   9
```

17.
```
  1 5
-   9
```

18.
```
  1 4
-   9
```

SET I   Date: _____   Start: _____   Finish: _____   Score: _____

1)
```
  1 1
-   9
```

2)
```
    9
-   9
```

3)
```
  1 4
-   9
```

4)
```
  1 2
-   9
```

5)
```
  1 3
-   9
```

6)
```
  1 0
-   9
```

7)
```
  1 5
-   9
```

8)
```
  1 1
-   9
```

9)
```
  1 2
-   9
```

10)
```
    9
-   9
```

11)
```
  1 5
-   9
```

12)
```
  1 3
-   9
```

13)
```
  1 0
-   9
```

14)
```
  1 4
-   9
```

15)
```
  1 0
-   9
```

16)
```
  1 3
-   9
```

17)
```
  1 1
-   9
```

18)
```
    9
-   9
```

SET II   Date: _____   Start: _____   Finish: _____   Score: _____

1)
```
  1 5
-   9
```

2)
```
  1 4
-   9
```

3)
```
  1 2
-   9
```

4)
```
  1 1
-   9
```

5)
```
  1 4
-   9
```

6)
```
  1 2
-   9
```

7)
```
  1 0
-   9
```

8)
```
  1 3
-   9
```

9)
```
    9
-   9
```

10)
```
  1 5
-   9
```

11)
```
    9
-   9
```

12)
```
  1 0
-   9
```

13)
```
  1 1
-   9
```

14)
```
  1 2
-   9
```

15)
```
  1 4
-   9
```

16)
```
  1 5
-   9
```

17)
```
  1 3
-   9
```

18)
```
  1 1
-   9
```

Subtraction Facts

55

Practice: Subtracting 9 (up to 15-9)

Date:_____   Start:_____   Finish:_____   Score:_____

1	2	3	4	5	6
1 5 - 9	1 3 - 9	1 0 - 9	9 - 9	1 4 - 9	1 1 - 9

7	8	9	10	11	12
1 2 - 9	1 3 - 9	1 2 - 9	1 0 - 9	1 4 - 9	1 1 - 9

13	14	15	16	17	18
9 - 9	1 5 - 9	1 0 - 9	1 4 - 9	1 2 - 9	1 5 - 9

SET II   Date:_____   Start:_____   Finish:_____   Score:_____

1	2	3	4	5	6
9 - 9	1 3 - 9	1 1 - 9	1 4 - 9	1 3 - 9	1 2 - 9

7	8	9	10	11	12
1 1 - 9	1 0 - 9	9 - 9	1 5 - 9	1 2 - 9	1 4 - 9

13	14	15	16	17	18
9 - 9	1 3 - 9	1 1 - 9	1 5 - 9	1 0 - 9	1 5 - 9

SET I   Date: _____   Start: _____   Finish: _____   Score: _____

1
```
  1 4
- 1 0
```

2
```
  1 0
- 1 0
```

3
```
  1 1
- 1 0
```

4
```
  1 2
- 1 0
```

5
```
  1 3
- 1 0
```

6
```
  1 5
- 1 0
```

7
```
  1 0
- 1 0
```

8
```
  1 3
- 1 0
```

9
```
  1 4
- 1 0
```

10
```
  1 1
- 1 0
```

11
```
  1 5
- 1 0
```

12
```
  1 2
- 1 0
```

13
```
  1 5
- 1 0
```

14
```
  1 1
- 1 0
```

15
```
  1 4
- 1 0
```

16
```
  1 3
- 1 0
```

17
```
  1 2
- 1 0
```

18
```
  1 0
- 1 0
```

SET II   Date: _____   Start: _____   Finish: _____   Score: _____

1
```
  1 4
- 1 0
```

2
```
  1 5
- 1 0
```

3
```
  1 3
- 1 0
```

4
```
  1 0
- 1 0
```

5
```
  1 2
- 1 0
```

6
```
  1 1
- 1 0
```

7
```
  1 2
- 1 0
```

8
```
  1 1
- 1 0
```

9
```
  1 4
- 1 0
```

10
```
  1 3
- 1 0
```

11
```
  1 5
- 1 0
```

12
```
  1 0
- 1 0
```

13
```
  1 0
- 1 0
```

14
```
  1 3
- 1 0
```

15
```
  1 5
- 1 0
```

16
```
  1 4
- 1 0
```

17
```
  1 2
- 1 0
```

18
```
  1 1
- 1 0
```

SET I   Date: _____   Start: _____   Finish: _____   Score: _____

(1)	(2)	(3)	(4)	(5)	(6)
1 0 - 1 0	1 2 - 1 0	1 1 - 1 0	1 4 - 1 0	1 5 - 1 0	1 3 - 1 0

(7)	(8)	(9)	(10)	(11)	(12)
1 5 - 1 0	1 1 - 1 0	1 4 - 1 0	1 2 - 1 0	1 0 - 1 0	1 3 - 1 0

(13)	(14)	(15)	(16)	(17)	(18)
1 4 - 1 0	1 5 - 1 0	1 2 - 1 0	1 0 - 1 0	1 3 - 1 0	1 1 - 1 0

SET II   Date: _____   Start: _____   Finish: _____   Score: _____

(1)	(2)	(3)	(4)	(5)	(6)
1 4 - 1 0	1 1 - 1 0	1 3 - 1 0	1 2 - 1 0	1 5 - 1 0	1 0 - 1 0

(7)	(8)	(9)	(10)	(11)	(12)
1 4 - 1 0	1 2 - 1 0	1 3 - 1 0	1 5 - 1 0	1 1 - 1 0	1 0 - 1 0

(13)	(14)	(15)	(16)	(17)	(18)
1 2 - 1 0	1 3 - 1 0	1 5 - 1 0	1 0 - 1 0	1 1 - 1 0	1 4 - 1 0

SET I Date:_____ Start:_____ Finish:_____ Score:_____

1	2	3	4	5	6
1 1 - 1 0	1 4 - 1 0	1 5 - 1 0	1 2 - 1 0	1 0 - 1 0	1 3 - 1 0

7	8	9	10	11	12
1 4 - 1 0	1 2 - 1 0	1 0 - 1 0	1 5 - 1 0	1 1 - 1 0	1 3 - 1 0

13	14	15	16	17	18
1 5 - 1 0	1 2 - 1 0	1 1 - 1 0	1 0 - 1 0	1 4 - 1 0	1 3 - 1 0

SET II Date:_____ Start:_____ Finish:_____ Score:_____

1	2	3	4	5	6
1 5 - 1 0	1 3 - 1 0	1 4 - 1 0	1 2 - 1 0	1 1 - 1 0	1 0 - 1 0

7	8	9	10	11	12
1 3 - 1 0	1 1 - 1 0	1 2 - 1 0	1 0 - 1 0	1 5 - 1 0	1 4 - 1 0

13	14	15	16	17	18
1 3 - 1 0	1 2 - 1 0	1 5 - 1 0	1 1 - 1 0	1 0 - 1 0	1 4 - 1 0

SET I

Date:_____ Start:_____ Finish:_____ Score:_____

1	2	3	4	5	6
1 4 - 1 0	1 2 - 1 0	1 1 - 1 0	1 3 - 1 0	1 5 - 1 0	1 0 - 1 0

7	8	9	10	11	12
1 1 - 1 0	1 4 - 1 0	1 3 - 1 0	1 0 - 1 0	1 2 - 1 0	1 5 - 1 0

13	14	15	16	17	18
1 2 - 1 0	1 3 - 1 0	1 1 - 1 0	1 4 - 1 0	1 0 - 1 0	1 5 - 1 0

SET II

Date:_____ Start:_____ Finish:_____ Score:_____

1	2	3	4	5	6
1 2 - 1 0	1 0 - 1 0	1 3 - 1 0	1 1 - 1 0	1 4 - 1 0	1 5 - 1 0

7	8	9	10	11	12
1 2 - 1 0	1 4 - 1 0	1 0 - 1 0	1 1 - 1 0	1 3 - 1 0	1 5 - 1 0

13	14	15	16	17	18
1 3 - 1 0	1 0 - 1 0	1 1 - 1 0	1 5 - 1 0	1 4 - 1 0	1 2 - 1 0

SET I Date: _____ Start: _____ Finish: _____ Score: _____

1	2	3	4	5	6
1 2 - 1 0	1 1 - 9	1 0 - 1 0	1 3 - 9	1 3 - 1 0	1 4 - 9

7	8	9	10	11	12
1 4 - 1 0	1 2 - 9	1 0 - 1 0	1 3 - 9	1 1 - 1 0	9 - 9

13	14	15	16	17	18
1 0 - 9	1 5 - 1 0	1 3 - 9	1 4 - 1 0	1 0 - 9	1 0 - 1 0

SET II Date: _____ Start: _____ Finish: _____ Score: _____

1	2	3	4	5	6
1 3 - 9	1 5 - 1 0	1 0 - 1 0	1 0 - 9	1 4 - 1 0	1 2 - 9

7	8	9	10	11	12
1 4 - 9	1 4 - 1 0	9 - 9	1 1 - 1 0	1 5 - 9	1 2 - 1 0

13	14	15	16	17	18
1 3 - 9	1 1 - 1 0	1 5 - 9	1 4 - 1 0	1 5 - 1 0	9 - 9

SET I   Date:_____   Start:_____   Finish:_____   Score:_____

1)
```
  1 0
- 1 0
```

2)
```
  1 4
-   9
```

3)
```
    9
-   9
```

4)
```
  1 2
- 1 0
```

5)
```
  1 3
- 1 0
```

6)
```
  1 3
-   9
```

7)
```
  1 0
-   9
```

8)
```
  1 3
- 1 0
```

9)
```
  1 0
-   9
```

10)
```
  1 2
- 1 0
```

11)
```
  1 3
-   9
```

12)
```
  1 1
- 1 0
```

13)
```
    9
-   9
```

14)
```
  1 0
- 1 0
```

15)
```
  1 4
- 1 0
```

16)
```
  1 2
-   9
```

17)
```
  1 4
-   9
```

18)
```
  1 1
- 1 0
```

SET II   Date:_____   Start:_____   Finish:_____   Score:_____

1)
```
  1 1
-   9
```

2)
```
  1 4
- 1 0
```

3)
```
  1 5
-   9
```

4)
```
  1 5
- 1 0
```

5)
```
    9
-   9
```

6)
```
  1 1
- 1 0
```

7)
```
  1 4
- 1 0
```

8)
```
  1 5
-   9
```

9)
```
  1 1
-   9
```

10)
```
  1 3
- 1 0
```

11)
```
  1 0
- 1 0
```

12)
```
  1 3
-   9
```

13)
```
  1 1
- 1 0
```

14)
```
  1 4
-   9
```

15)
```
  1 0
- 1 0
```

16)
```
    9
-   9
```

17)
```
  1 3
- 1 0
```

18)
```
  1 5
-   9
```

SET I

Date: _____   Start: _____   Finish: _____   Score: _____

1
```
  1 0
- 1 0
```

2
```
  1 2
-   9
```

3
```
  1 3
-   9
```

4
```
  1 2
- 1 0
```

5
```
  1 5
- 1 0
```

6
```
  1 0
-   9
```

7
```
  1 4
-   9
```

8
```
  1 3
- 1 0
```

9
```
  1 5
-   9
```

10
```
  1 1
- 1 0
```

11
```
  1 5
- 1 0
```

12
```
  1 2
-   9
```

13
```
  1 0
-   9
```

14
```
  1 3
- 1 0
```

15
```
  1 1
- 1 0
```

16
```
  1 0
-   9
```

17
```
  1 1
-   9
```

18
```
  1 4
- 1 0
```

SET II

Date: _____   Start: _____   Finish: _____   Score: _____

1
```
    9
-   9
```

2
```
  1 5
- 1 0
```

3
```
  1 2
- 1 0
```

4
```
  1 2
-   9
```

5
```
  1 1
- 1 0
```

6
```
  1 5
-   9
```

7
```
  1 5
- 1 0
```

8
```
  1 3
-   9
```

9
```
  1 3
- 1 0
```

10
```
  1 0
-   9
```

11
```
  1 5
-   9
```

12
```
  1 1
- 1 0
```

13
```
  1 0
- 1 0
```

14
```
    9
-   9
```

15
```
  1 0
-   9
```

16
```
  1 4
- 1 0
```

17
```
  1 2
- 1 0
```

18
```
    9
-   9
```

SET I   Date:_____   Start:_____   Finish:_____   Score:_____

1 1 2 - 1 0	**2** 1 2 - 9	**3** 1 4 - 9	**4** 1 1 - 1 0	**5** 1 3 - 1 0	**6** 1 1 - 9
7 1 0 - 9	**8** 1 2 - 1 0	**9** 1 3 - 9	**10** 1 0 - 1 0	**11** 1 5 - 1 0	**12** 9 - 9
13 1 1 - 1 0	**14** 1 2 - 9	**15** 1 3 - 9	**16** 1 4 - 1 0	**17** 1 4 - 9	**18** 1 3 - 1 0

SET II   Date:_____   Start:_____   Finish:_____   Score:_____

1 1 3 - 1 0	**2** 1 4 - 9	**3** 1 1 - 9	**4** 1 5 - 1 0	**5** 1 5 - 9	**6** 1 1 - 1 0
7 1 2 - 1 0	**8** 9 - 9	**9** 1 3 - 1 0	**10** 1 3 - 9	**11** 1 1 - 9	**12** 1 1 - 1 0
13 1 0 - 1 0	**14** 1 4 - 9	**15** 1 2 - 1 0	**16** 1 0 - 9	**17** 1 2 - 9	**18** 1 1 - 1 0

SET I   Date: _____   Start: _____   Finish: _____   Score: _____

1	2	3	4	5	6
1 2 - **1 0**	8 - **6**	1 4 - **8**	1 5 - **9**	8 - **7**	1 0 - **8**

7	8	9	10	11	12
1 2 - **1 0**	1 1 - **9**	1 4 - **6**	1 3 - **7**	1 5 - **1 0**	8 - **6**

13	14	15	16	17	18
1 4 - **7**	1 1 - **8**	1 3 - **9**	1 4 - **8**	8 - **6**	1 5 - **1 0**

SET II   Date: _____   Start: _____   Finish: _____   Score: _____

1	2	3	4	5	6
1 5 - **7**	1 1 - **9**	6 - **6**	9 - **8**	1 4 - **9**	1 3 - **1 0**

7	8	9	10	11	12
1 5 - **7**	1 4 - **8**	1 5 - **6**	1 3 - **1 0**	1 0 - **9**	1 5 - **7**

13	14	15	16	17	18
1 2 - **6**	1 1 - **9**	7 - **7**	1 5 - **1 0**	8 - **8**	1 2 - **1 0**

Review: Subtracting 6 to 10 (from numbers up to 15)

SET I   Date: _____   Start: _____   Finish: _____   Score: _____

(1) 13 − 10	(2) 11 − 8	(3) 12 − 9	(4) 9 − 7	(5) 14 − 6	(6) 14 − 7
(7) 14 − 9	(8) 11 − 10	(9) 9 − 8	(10) 9 − 6	(11) 15 − 10	(12) 14 − 6
(13) 8 − 8	(14) 10 − 9	(15) 12 − 7	(16) 12 − 6	(17) 14 − 10	(18) 8 − 8

SET II   Date: _____   Start: _____   Finish: _____   Score: _____

(1) 15 − 9	(2) 13 − 7	(3) 14 − 8	(4) 14 − 10	(5) 10 − 9	(6) 11 − 7
(7) 6 − 6	(8) 12 − 9	(9) 15 − 8	(10) 12 − 6	(11) 10 − 10	(12) 7 − 7
(13) 15 − 10	(14) 10 − 8	(15) 8 − 7	(16) 8 − 6	(17) 9 − 9	(18) 11 − 6

66   Subtraction Facts

SET I Date: _____ Start: _____ Finish: _____ Score: _____

1)
```
  1 0
- 1 0
```

2)
```
    6
-   6
```

3)
```
  1 2
-   9
```

4)
```
  1 5
-   8
```

5)
```
  1 4
-   7
```

6)
```
    9
-   7
```

7)
```
  1 3
-   8
```

8)
```
  1 4
-   9
```

9)
```
  1 0
- 1 0
```

10)
```
  1 0
-   6
```

11)
```
    9
-   7
```

12)
```
  1 2
- 1 0
```

13)
```
  1 4
-   6
```

14)
```
  1 1
-   8
```

15)
```
  1 0
-   9
```

16)
```
  1 5
-   9
```

17)
```
    8
-   7
```

18)
```
  1 1
-   6
```

SET II Date: _____ Start: _____ Finish: _____ Score: _____

1)
```
    8
-   8
```

2)
```
  1 3
- 1 0
```

3)
```
  1 0
- 1 0
```

4)
```
    9
-   8
```

5)
```
    8
-   6
```

6)
```
    8
-   7
```

7)
```
    9
-   9
```

8)
```
  1 4
-   6
```

9)
```
  1 2
-   9
```

10)
```
  1 2
-   8
```

11)
```
  1 4
- 1 0
```

12)
```
  1 0
-   7
```

13)
```
  1 0
-   8
```

14)
```
  1 2
-   9
```

15)
```
  1 0
- 1 0
```

16)
```
    7
-   6
```

17)
```
    9
-   7
```

18)
```
  1 5
- 1 0
```

Review: Subtracting 6 to 10 (from numbers up to 15)

SET I Date: _____ Start: _____ Finish: _____ Score: _____

1	**2**	**3**	**4**	**5**	**6**
1 0 - 7	1 3 - 9	8 - 8	8 - 6	1 3 - 1 0	1 1 - 1 0
7	**8**	**9**	**10**	**11**	**12**
1 5 - 7	1 3 - 9	8 - 8	1 1 - 6	1 3 - 1 0	7 - 6
13	**14**	**15**	**16**	**17**	**18**
1 1 - 7	1 4 - 8	1 3 - 9	1 0 - 6	1 5 - 9	1 0 - 7

SET II Date: _____ Start: _____ Finish: _____ Score: _____

1	**2**	**3**	**4**	**5**	**6**
1 4 - 1 0	1 2 - 8	1 4 - 9	1 1 - 7	1 4 - 1 0	1 4 - 8
7	**8**	**9**	**10**	**11**	**12**
1 1 - 6	9 - 9	1 5 - 1 0	1 4 - 6	8 - 7	1 3 - 8
13	**14**	**15**	**16**	**17**	**18**
1 2 - 8	1 1 - 1 0	1 1 - 9	1 2 - 7	8 - 6	1 4 - 9

SET I Date:_____ Start:_____ Finish:_____ Score:_____

1.
```
      6
  -   6
```

2.
```
      9
  -   9
```

3.
```
      9
  -   7
```

4.
```
    1 5
  - 1 0
```

5.
```
      8
  -   8
```

6.
```
    1 4
  -   9
```

7.
```
      8
  -   6
```

8.
```
    1 4
  - 1 0
```

9.
```
    1 0
  -   7
```

10.
```
    1 0
  -   8
```

11.
```
    1 5
  -   9
```

12.
```
      9
  -   7
```

13.
```
    1 1
  -   8
```

14.
```
    1 2
  -   6
```

15.
```
    1 1
  - 1 0
```

16.
```
    1 5
  -   7
```

17.
```
      9
  -   9
```

18.
```
      9
  -   8
```

SET II Date:_____ Start:_____ Finish:_____ Score:_____

1.
```
    1 2
  - 1 0
```

2.
```
      7
  -   6
```

3.
```
    1 2
  - 1 0
```

4.
```
    1 5
  -   9
```

5.
```
      9
  -   8
```

6.
```
    1 3
  -   7
```

7.
```
    1 1
  -   6
```

8.
```
    1 3
  -   9
```

9.
```
      9
  -   7
```

10.
```
    1 3
  - 1 0
```

11.
```
      8
  -   8
```

12.
```
    1 3
  -   6
```

13.
```
    1 0
  -   8
```

14.
```
    1 3
  -   7
```

15.
```
    1 0
  - 1 0
```

16.
```
      7
  -   6
```

17.
```
      9
  -   9
```

18.
```
    1 2
  -   7
```

Subtraction Facts

SET I   Date: _____   Start: _____   Finish: _____   Score: _____

1.
$$\begin{array}{r} 9 \\ -\ 6 \\ \hline \end{array}$$

2.
$$\begin{array}{r} 1\ 2 \\ -\ 1\ 0 \\ \hline \end{array}$$

3.
$$\begin{array}{r} 1\ 3 \\ -\ 9 \\ \hline \end{array}$$

4.
$$\begin{array}{r} 1\ 4 \\ -\ 8 \\ \hline \end{array}$$

5.
$$\begin{array}{r} 1\ 0 \\ -\ 7 \\ \hline \end{array}$$

6.
$$\begin{array}{r} 1\ 2 \\ -\ 9 \\ \hline \end{array}$$

7.
$$\begin{array}{r} 1\ 2 \\ -\ 8 \\ \hline \end{array}$$

8.
$$\begin{array}{r} 1\ 0 \\ -\ 1\ 0 \\ \hline \end{array}$$

9.
$$\begin{array}{r} 7 \\ -\ 6 \\ \hline \end{array}$$

10.
$$\begin{array}{r} 1\ 4 \\ -\ 7 \\ \hline \end{array}$$

11.
$$\begin{array}{r} 9 \\ -\ 6 \\ \hline \end{array}$$

12.
$$\begin{array}{r} 1\ 5 \\ -\ 1\ 0 \\ \hline \end{array}$$

13.
$$\begin{array}{r} 9 \\ -\ 8 \\ \hline \end{array}$$

14.
$$\begin{array}{r} 1\ 2 \\ -\ 9 \\ \hline \end{array}$$

15.
$$\begin{array}{r} 9 \\ -\ 7 \\ \hline \end{array}$$

16.
$$\begin{array}{r} 1\ 3 \\ -\ 8 \\ \hline \end{array}$$

17.
$$\begin{array}{r} 1\ 2 \\ -\ 1\ 0 \\ \hline \end{array}$$

18.
$$\begin{array}{r} 1\ 1 \\ -\ 9 \\ \hline \end{array}$$

SET II   Date: _____   Start: _____   Finish: _____   Score: _____

1.
$$\begin{array}{r} 1\ 4 \\ -\ 6 \\ \hline \end{array}$$

2.
$$\begin{array}{r} 1\ 4 \\ -\ 7 \\ \hline \end{array}$$

3.
$$\begin{array}{r} 1\ 3 \\ -\ 9 \\ \hline \end{array}$$

4.
$$\begin{array}{r} 1\ 3 \\ -\ 7 \\ \hline \end{array}$$

5.
$$\begin{array}{r} 1\ 3 \\ -\ 1\ 0 \\ \hline \end{array}$$

6.
$$\begin{array}{r} 1\ 5 \\ -\ 8 \\ \hline \end{array}$$

7.
$$\begin{array}{r} 6 \\ -\ 6 \\ \hline \end{array}$$

8.
$$\begin{array}{r} 1\ 1 \\ -\ 1\ 0 \\ \hline \end{array}$$

9.
$$\begin{array}{r} 9 \\ -\ 6 \\ \hline \end{array}$$

10.
$$\begin{array}{r} 1\ 3 \\ -\ 9 \\ \hline \end{array}$$

11.
$$\begin{array}{r} 1\ 3 \\ -\ 8 \\ \hline \end{array}$$

12.
$$\begin{array}{r} 1\ 3 \\ -\ 7 \\ \hline \end{array}$$

13.
$$\begin{array}{r} 9 \\ -\ 7 \\ \hline \end{array}$$

14.
$$\begin{array}{r} 9 \\ -\ 8 \\ \hline \end{array}$$

15.
$$\begin{array}{r} 9 \\ -\ 9 \\ \hline \end{array}$$

16.
$$\begin{array}{r} 1\ 3 \\ -\ 1\ 0 \\ \hline \end{array}$$

17.
$$\begin{array}{r} 8 \\ -\ 6 \\ \hline \end{array}$$

18.
$$\begin{array}{r} 1\ 5 \\ -\ 8 \\ \hline \end{array}$$

SET I

Date: _____ Start: _____ Finish: _____ Score: _____

1	2	3	4	5	6
1 4 - 9	1 1 - 3	1 8 - 6	1 7 - 5	1 5 - 1	1 8 - 2

7	8	9	10	11	12
1 7 - 1 0	1 4 - 8	1 4 - 4	1 9 - 7	1 3 - 9	1 2 - 8

13	14	15	16	17	18
1 8 - 3	1 9 - 4	1 1 - 1 0	2 0 - 7	1 1 - 6	1 9 - 5

SET II

Date: _____ Start: _____ Finish: _____ Score: _____

1	2	3	4	5	6
1 3 - 2	1 7 - 1	2 0 - 1	1 1 - 5	1 5 - 8	1 6 - 3

7	8	9	10	11	12
1 8 - 4	1 1 - 6	1 8 - 2	1 7 - 7	1 3 - 1 0	1 3 - 9

13	14	15	16	17	18
2 0 - 4	1 5 - 9	1 6 - 2	1 5 - 3	1 9 - 6	1 7 - 1 0

SET I Date:_____ Start:_____ Finish:_____ Score:_____

1	2	3	4	5	6
1 4 - 3	1 2 - 8	1 1 - 7	1 6 - 2	1 8 - 6	1 1 - 1 0

7	8	9	10	11	12
1 7 - 4	1 4 - 9	2 0 - 5	1 8 - 1	2 0 - 5	1 3 - 4

13	14	15	16	17	18
1 4 - 9	1 6 - 1	1 8 - 1 0	1 2 - 8	1 3 - 2	1 1 - 3

SET II Date:_____ Start:_____ Finish:_____ Score:_____

1	2	3	4	5	6
1 4 - 6	1 9 - 7	1 3 - 1 0	1 9 - 1	1 5 - 6	1 1 - 5

7	8	9	10	11	12
1 9 - 4	1 9 - 8	1 2 - 3	1 5 - 7	2 0 - 9	1 2 - 2

13	14	15	16	17	18
1 5 - 8	1 2 - 1 0	1 3 - 9	2 0 - 3	1 7 - 7	1 6 - 6

SET I

Date: _____ Start: _____ Finish: _____ Score: _____

1
```
  1 7
-   7
```

2
```
  2 0
-   9
```

3
```
  1 2
-   4
```

4
```
  1 1
-   6
```

5
```
  2 0
-   1
```

6
```
  1 4
- 1 0
```

7
```
  1 1
-   5
```

8
```
  1 6
-   3
```

9
```
  1 4
-   2
```

10
```
  1 5
-   8
```

11
```
  1 3
-   7
```

12
```
  1 8
- 1 0
```

13
```
  1 9
-   2
```

14
```
  1 5
-   8
```

15
```
  2 0
-   3
```

16
```
  1 2
-   6
```

17
```
  1 9
-   1
```

18
```
  1 8
-   9
```

SET II

Date: _____ Start: _____ Finish: _____ Score: _____

1
```
  1 8
-   5
```

2
```
  2 0
-   4
```

3
```
  1 8
-   9
```

4
```
  1 6
-   3
```

5
```
  2 0
-   2
```

6
```
  1 9
-   8
```

7
```
  1 5
-   1
```

8
```
  1 1
-   5
```

9
```
  1 8
-   7
```

10
```
  1 6
-   6
```

11
```
  1 8
- 1 0
```

12
```
  1 7
-   4
```

13
```
  1 5
-   6
```

14
```
  1 3
-   5
```

15
```
  1 1
-   3
```

16
```
  1 9
-   9
```

17
```
  2 0
-   1
```

18
```
  1 8
-   2
```

SET I Date: _____ Start: _____ Finish: _____ Score: _____

1	2	3	4	5	6
2 0 - 4	1 1 - **5**	1 2 - **8**	1 5 - **7**	1 5 - **9**	1 4 - **1 0**

7	8	9	10	11	12
1 9 - **2**	1 9 - **6**	1 8 - **1**	1 4 - **3**	1 3 - **9**	1 5 - **4**

13	14	15	16	17	18
1 4 - **7**	1 6 - **3**	1 1 - **8**	1 5 - **1 0**	1 1 - **5**	1 3 - **2**

SET II Date: _____ Start: _____ Finish: _____ Score: _____

1	2	3	4	5	6
1 1 - **6**	1 5 - **1**	1 8 - **4**	1 6 - **7**	1 4 - **8**	1 4 - **2**

7	8	9	10	11	12
1 8 - **1 0**	1 3 - **5**	1 6 - **9**	1 2 - **6**	1 9 - **3**	1 6 - **1**

13	14	15	16	17	18
2 0 - **8**	1 1 - **1 0**	1 6 - **4**	1 7 - **9**	1 1 - **7**	1 8 - **3**

Review: Subtracting 1 to 10 (from numbers 11 to 20)

SET I Date:_____ Start:_____ Finish:_____ Score:_____

1
```
  1 6
-   8
```

2
```
  1 5
-   2
```

3
```
  2 0
-   4
```

4
```
  1 6
-   7
```

5
```
  1 4
-   6
```

6
```
  2 0
- 1 0
```

7
```
  1 2
-   3
```

8
```
  1 4
-   9
```

9
```
  1 5
-   1
```

10
```
  1 1
-   5
```

11
```
  1 1
-   4
```

12
```
  1 3
-   2
```

13
```
  1 2
- 1 0
```

14
```
  1 9
-   9
```

15
```
  2 0
-   7
```

16
```
  1 7
-   6
```

17
```
  1 4
-   1
```

18
```
  1 7
-   8
```

SET II Date:_____ Start:_____ Finish:_____ Score:_____

1
```
  1 6
-   3
```

2
```
  1 6
-   5
```

3
```
  1 7
-   3
```

4
```
  1 2
-   7
```

5
```
  1 3
-   9
```

6
```
  1 3
-   2
```

7
```
  1 6
-   6
```

8
```
  1 5
-   5
```

9
```
  1 6
- 1 0
```

10
```
  1 4
-   1
```

11
```
  1 2
-   4
```

12
```
  1 4
-   8
```

13
```
  1 9
-   8
```

14
```
  2 0
-   9
```

15
```
  1 7
-   2
```

16
```
  1 2
-   4
```

17
```
  1 4
-   3
```

18
```
  1 3
-   6
```

Review: Subtracting 1 to 10 (from numbers 11 to 20)

SET I   Date: _____   Start: _____   Finish: _____   Score: _____

1	2	3	4	5	6
1 1 - 8	1 8 - 9	1 7 - 2	1 4 - 7	1 7 - 3	1 4 - 6

7	8	9	10	11	12
1 2 - 1 0	1 5 - 5	1 2 - 4	1 6 - 1	2 0 - 4	2 0 - 5

13	14	15	16	17	18
1 4 - 1	1 4 - 7	1 9 - 8	1 4 - 6	1 7 - 3	1 8 - 2

SET II   Date: _____   Start: _____   Finish: _____   Score: _____

1	2	3	4	5	6
1 2 - 9	2 0 - 1 0	1 4 - 6	2 0 - 4	1 1 - 1	1 4 - 1 0

7	8	9	10	11	12
2 0 - 7	1 3 - 3	1 8 - 8	1 5 - 2	1 9 - 5	1 6 - 9

13	14	15	16	17	18
1 9 - 8	2 0 - 6	1 5 - 2	1 1 - 9	1 8 - 3	1 7 - 1

76

Subtraction Facts

SET I　　Date: _____　　Start: _____　　Finish: _____　　Score: _____

1)
```
  1 1
-   1
```

2)
```
  1 8
-   8
```

3)
```
  1 7
- 1 0
```

4)
```
  1 4
-   9
```

5)
```
  1 7
-   4
```

6)
```
  1 4
-   6
```

7)
```
  1 2
-   7
```

8)
```
  1 5
-   2
```

9)
```
  1 2
-   3
```

10)
```
  1 6
-   5
```

11)
```
  2 0
-   9
```

12)
```
  2 0
-   1
```

13)
```
  1 4
-   2
```

14)
```
  1 4
-   6
```

15)
```
  1 9
-   8
```

16)
```
  1 4
-   4
```

17)
```
  1 7
-   5
```

18)
```
  1 8
- 1 0
```

SET II　　Date: _____　　Start: _____　　Finish: _____　　Score: _____

1)
```
  1 2
-   7
```

2)
```
  2 0
-   3
```

3)
```
  1 4
-   3
```

4)
```
  2 0
-   9
```

5)
```
  1 1
-   7
```

6)
```
  1 4
-   6
```

7)
```
  2 0
-   2
```

8)
```
  1 3
-   4
```

9)
```
  1 8
-   5
```

10)
```
  1 5
- 1 0
```

11)
```
  1 9
-   1
```

12)
```
  1 6
-   8
```

13)
```
  1 9
- 1 0
```

14)
```
  2 0
-   6
```

15)
```
  1 5
-   1
```

16)
```
  1 1
-   5
```

17)
```
  1 8
-   9
```

18)
```
  1 7
-   3
```

SET I Date: _____ Start: _____ Finish: _____ Score: _____

1	2	3	4	5	6
1 1 - 5	1 8 - 3	1 7 - 1 0	1 4 - 7	1 7 - 9	1 4 - 4

7	8	9	10	11	12
1 2 - 2	1 5 - 6	1 2 - 1	1 6 - 8	2 0 - 6	2 0 - 7

13	14	15	16	17	18
1 4 - 1 0	1 4 - 2	1 9 - 8	1 4 - 1	1 7 - 3	1 8 - 4

SET II Date: _____ Start: _____ Finish: _____ Score: _____

1	2	3	4	5	6
1 2 - 5	2 0 - 9	1 4 - 1	2 0 - 1 0	1 1 - 5	1 4 - 8

7	8	9	10	11	12
2 0 - 2	1 3 - 6	1 8 - 7	1 5 - 4	1 9 - 9	1 6 - 3

13	14	15	16	17	18
1 9 - 8	2 0 - 3	1 5 - 7	1 1 - 9	1 8 - 2	1 7 - 4

SET I

Date: _____   Start: _____   Finish: _____   Score: _____

1
```
  1 1
-   7
```

2
```
  1 8
-   1
```

3
```
  1 7
-   5
```

4
```
  1 4
-   3
```

5
```
  1 7
- 1 0
```

6
```
  1 4
-   2
```

7
```
  1 2
-   6
```

8
```
  1 5
-   4
```

9
```
  1 2
-   9
```

10
```
  1 6
-   8
```

11
```
  2 0
-   3
```

12
```
  2 0
-   7
```

13
```
  1 4
-   1
```

14
```
  1 4
-   5
```

15
```
  1 9
-   4
```

16
```
  1 4
-   6
```

17
```
  1 7
- 1 0
```

18
```
  1 8
-   8
```

SET II

Date: _____   Start: _____   Finish: _____   Score: _____

1
```
  1 2
-   9
```

2
```
  2 0
-   2
```

3
```
  1 4
-   5
```

4
```
  2 0
-   1
```

5
```
  1 1
- 1 0
```

6
```
  1 4
-   4
```

7
```
  2 0
-   7
```

8
```
  1 3
-   9
```

9
```
  1 8
-   8
```

10
```
  1 5
-   3
```

11
```
  1 9
-   6
```

12
```
  1 6
-   2
```

13
```
  1 9
-   6
```

14
```
  2 0
-   8
```

15
```
  1 5
- 1 0
```

16
```
  1 1
-   7
```

17
```
  1 8
-   3
```

18
```
  1 7
-   2
```

SET I Date: _____ Start: _____ Finish: _____ Score: _____

1	2	3	4	5	6
1 1 - 2	1 8 - 4	1 7 - 8	1 4 - 3	1 7 - 9	1 4 - 5

7	8	9	10	11	12
1 2 - 7	1 5 - 1	1 2 - 6	1 6 - 1 0	2 0 - 8	2 0 - 7

13	14	15	16	17	18
1 4 - 2	1 4 - 6	1 9 - 4	1 4 - 9	1 7 - 1	1 8 - 1 0

SET II Date: _____ Start: _____ Finish: _____ Score: _____

1	2	3	4	5	6
1 2 - 5	2 0 - 3	1 4 - 6	2 0 - 1 0	1 1 - 5	1 4 - 3

7	8	9	10	11	12
2 0 - 2	1 3 - 7	1 8 - 4	1 5 - 8	1 9 - 9	1 6 - 1

13	14	15	16	17	18
1 9 - 8	2 0 - 1 0	1 5 - 2	1 1 - 4	1 8 - 1	1 7 - 7

SET I Date: _____ Start: _____ Finish: _____ Score: _____

1 11 - 3	**2** 18 - 10	**3** 17 - 8	**4** 14 - 4	**5** 17 - 1	**6** 14 - 7
7 12 - 2	**8** 15 - 5	**9** 12 - 6	**10** 16 - 9	**11** 20 - 8	**12** 20 - 6
13 14 - 3	**14** 14 - 1	**15** 19 - 9	**16** 14 - 10	**17** 17 - 4	**18** 18 - 7

SET II Date: _____ Start: _____ Finish: _____ Score: _____

1 12 - 5	**2** 20 - 2	**3** 14 - 7	**4** 20 - 1	**5** 11 - 6	**6** 14 - 10
7 20 - 5	**8** 13 - 4	**9** 18 - 3	**10** 15 - 2	**11** 19 - 8	**12** 16 - 9
13 19 - 3	**14** 20 - 8	**15** 15 - 6	**16** 11 - 10	**17** 18 - 7	**18** 17 - 1

Subtraction Facts

81

Review: Subtracting 1 to 10 (from numbers up to 20)

1	2	3	4	5	6
1 1 - 7	1 8 - 4	1 7 - 3	1 4 - 5	1 7 - 6	1 4 - 2

7	8	9	10	11	12
1 2 - 1 0	1 5 - 8	1 2 - 9	1 6 - 1	2 0 - 9	2 0 - 7

13	14	15	16	17	18
1 4 - 1	1 4 - 6	1 9 - 3	1 4 - 5	1 7 - 4	1 8 - 2

1	2	3	4	5	6
1 2 - 1 0	2 0 - 8	1 4 - 4	2 0 - 1	1 1 - 8	1 4 - 5

7	8	9	10	11	12
2 0 - 1 0	1 3 - 7	1 8 - 9	1 5 - 3	1 9 - 2	1 6 - 6

13	14	15	16	17	18
1 9 - 5	2 0 - 8	1 5 - 4	1 1 - 1 0	1 8 - 7	1 7 - 2

SET I   Date: _____   Start: _____   Finish: _____   Score: _____

1	2	3	4	5	6
11 - 10	18 - 1	17 - 3	14 - 9	17 - 7	14 - 2

7	8	9	10	11	12
12 - 4	15 - 6	12 - 5	16 - 8	20 - 1	20 - 2

13	14	15	16	17	18
14 - 10	14 - 9	19 - 4	14 - 6	17 - 5	18 - 8

SET II   Date: _____   Start: _____   Finish: _____   Score: _____

1	2	3	4	5	6
12 - 7	20 - 3	14 - 6	20 - 1	11 - 4	14 - 9

7	8	9	10	11	12
20 - 5	13 - 8	18 - 2	15 - 3	19 - 7	16 - 10

13	14	15	16	17	18
19 - 2	20 - 8	15 - 9	11 - 4	18 - 6	17 - 1

Subtraction Facts

SET I

Date: _____   Start: _____   Finish: _____   Score: _____

(1)	(2)	(3)	(4)	(5)	(6)
1 1 - 5	1 8 - 4	1 7 - 2	1 4 - 8	1 7 - 6	1 4 - 1

(7)	(8)	(9)	(10)	(11)	(12)
1 2 - 1 0	1 5 - 3	1 2 - 9	1 6 - 7	2 0 - 9	2 0 - 1 0

(13)	(14)	(15)	(16)	(17)	(18)
1 4 - 3	1 4 - 7	1 9 - 2	1 4 - 8	1 7 - 5	1 8 - 4

SET II

Date: _____   Start: _____   Finish: _____   Score: _____

(1)	(2)	(3)	(4)	(5)	(6)
1 2 - 6	2 0 - 1	1 4 - 8	2 0 - 2	1 1 - 4	1 4 - 7

(7)	(8)	(9)	(10)	(11)	(12)
2 0 - 3	1 3 - 1	1 8 - 6	1 5 - 9	1 9 - 1 0	1 6 - 5

(13)	(14)	(15)	(16)	(17)	(18)
1 9 - 9	2 0 - 7	1 5 - 8	1 1 - 5	1 8 - 1	1 7 - 2

SET I

Date: _____   Start: _____   Finish: _____   Score: _____

1) 11 − 6

2) 18 − 2

3) 17 − 7

4) 14 − 9

5) 17 − 8

6) 14 − 4

7) 12 − 10

8) 15 − 5

9) 12 − 1

10) 16 − 3

11) 20 − 3

12) 20 − 1

13) 14 − 2

14) 14 − 5

15) 19 − 9

16) 14 − 8

17) 17 − 10

18) 18 − 6

SET II

Date: _____   Start: _____   Finish: _____   Score: _____

1) 12 − 7

2) 20 − 4

3) 14 − 8

4) 20 − 9

5) 11 − 5

6) 14 − 3

7) 20 − 2

8) 13 − 6

9) 18 − 4

10) 15 − 1

11) 19 − 7

12) 16 − 10

13) 19 − 8

14) 20 − 6

15) 15 − 1

16) 11 − 4

17) 18 − 7

18) 17 − 3

Subtraction Facts

SET I Date: _____ Start: _____ Finish: _____ Score: _____

1	2	3	4	5	6
1 1 - 4	1 8 - 8	1 7 - 6	1 4 - 7	1 7 - 1	1 4 - 2

7	8	9	10	11	12
1 2 - 3	1 5 - 5	1 2 - 1 0	1 6 - 9	2 0 - 6	2 0 - 1

13	14	15	16	17	18
1 4 - 3	1 4 - 8	1 9 - 2	1 4 - 1 0	1 7 - 5	1 8 - 9

SET II Date: _____ Start: _____ Finish: _____ Score: _____

1	2	3	4	5	6
1 2 - 4	2 0 - 7	1 4 - 7	2 0 - 4	1 1 - 5	1 4 - 9

7	8	9	10	11	12
2 0 - 1	1 3 - 8	1 8 - 1 0	1 5 - 6	1 9 - 3	1 6 - 2

13	14	15	16	17	18
1 9 - 5	2 0 - 3	1 5 - 1 0	1 1 - 2	1 8 - 6	1 7 - 4

SET I Date: _____ Start: _____ Finish: _____ Score: _____

1	2	3	4	5	6
1 1 - 8	1 8 - 1	1 7 - 5	1 4 - 2	1 7 - 3	1 4 - 1 0

7	8	9	10	11	12
1 2 - 9	1 5 - 4	1 2 - 6	1 6 - 7	2 0 - 5	2 0 - 1

13	14	15	16	17	18
1 4 - 8	1 4 - 6	1 9 - 9	1 4 - 2	1 7 - 4	1 8 - 3

SET II Date: _____ Start: _____ Finish: _____ Score: _____

1	2	3	4	5	6
1 2 - 7	2 0 - 1 0	1 4 - 1	2 0 - 4	1 1 - 9	1 4 - 3

7	8	9	10	11	12
2 0 - 8	1 3 - 2	1 8 - 6	1 5 - 7	1 9 - 1 0	1 6 - 5

13	14	15	16	17	18
1 9 - 1 0	2 0 - 5	1 5 - 2	1 1 - 6	1 8 - 1	1 7 - 4

This page is intentionally left blank

Answer Key

Page 1

	Set I								Set II					
1. 0	2. 4	3. 8	4. 2	5. 3	6. 1		1. 10	2. 3	3. 6	4. 0	5. 2	6. 10
7. 9	8. 7	9. 5	10. 6	11. 10	12. 8		7. 1	8. 8	9. 4	10. 3	11. 5	12. 6
13. 1	14. 4	15. 7	16. 9	17. 5	18. 2		13. 9	14. 7	15. 0	16. 9	17. 4	18. 0

Page 2

	Set I								Set II					
1. 3	2. 9	3. 4	4. 2	5. 5	6. 6		1. 2	2. 7	3. 3	4. 1	5. 8	6. 2
7. 1	8. 10	9. 8	10. 7	11. 0	12. 4		7. 4	8. 10	9. 6	10. 9	11. 1	12. 5
13. 5	14. 9	15. 6	16. 8	17. 0	18. 10		13. 7	14. 3	15. 0	16. 8	17. 6	18. 3

Page 3

	Set I								Set II					
1. 0	2. 1	3. 8	4. 2	5. 5	6. 6		1. 2	2. 1	3. 7	4. 5	5. 4	6. 8
7. 9	8. 3	9. 4	10. 7	11. 0	12. 8		7. 2	8. 1	9. 6	10. 3	11. 0	12. 9
13. 7	14. 5	15. 3	16. 9	17. 4	18. 6		13. 4	14. 6	15. 8	16. 0	17. 2	18. 9

Page 4

	Set I								Set II					
1. 6	2. 7	3. 2	4. 9	5. 5	6. 1		1. 7	2. 8	3. 9	4. 8	5. 3	6. 6
7. 0	8. 4	9. 8	10. 3	11. 9	12. 5		7. 1	8. 4	9. 0	10. 5	11. 2	12. 7
13. 2	14. 6	15. 1	16. 3	17. 4	18. 0		13. 9	14. 8	15. 4	16. 3	17. 7	18. 0

Page 5

	Set I								Set II					
1. 3	2. 6	3. 5	4. 9	5. 2	6. 8		1. 7	2. 2	3. 3	4. 6	5. 9	6. 1
7. 0	8. 4	9. 1	10. 7	11. 9	12. 3		7. 0	8. 8	9. 4	10. 7	11. 5	12. 2
13. 4	14. 0	15. 1	16. 6	17. 5	18. 8		13. 0	14. 7	15. 5	16. 3	17. 8	18. 4

Page 6

	Set I								Set II					
1. 6	2. 3	3. 0	4. 5	5. 8	6. 7		1. 3	2. 6	3. 4	4. 9	5. 0	6. 8
7. 9	8. 2	9. 1	10. 4	11. 8	12. 2		7. 3	8. 7	9. 2	10. 6	11. 5	12. 1
13. 9	14. 5	15. 7	16. 4	17. 1	18. 0		13. 0	14. 3	15. 5	16. 7	17. 4	18. 2

Page 7

	Set I						Set II				
1. 3	2. 5	3. 4	4. 0	5. 2	6. 1	1. 3	2. 1	3. 2	4. 8	5. 7	6. 4
7. 8	8. 6	9. 7	10. 5	11. 8	12. 7	7. 5	8. 6	9. 0	10. 5	11. 3	12. 7
13. 6	14. 2	15. 1	16. 0	17. 3	18. 4	13. 2	14. 6	15. 1	16. 0	17. 8	18. 4

Page 8

	Set I						Set II				
1. 8	2. 0	3. 5	4. 7	5. 1	6. 2	1. 7	2. 3	3. 1	4. 5	5. 4	6. 0
7. 6	8. 4	9. 3	10. 2	11. 1	12. 6	7. 2	8. 8	9. 6	10. 0	11. 2	12. 6
13. 3	14. 4	15. 8	16. 0	17. 7	18. 5	13. 5	14. 7	15. 4	16. 1	17. 8	18. 3

Page 9

	Set I						Set II				
1. 0	2. 3	3. 4	4. 5	5. 2	6. 8	1. 6	2. 7	3. 0	4. 3	5. 2	6. 4
7. 7	8. 6	9. 1	10. 2	11. 6	12. 1	7. 8	8. 5	9. 1	10. 2	11. 5	12. 7
13. 4	14. 3	15. 0	16. 7	17. 8	18. 5	13. 6	14. 0	15. 3	16. 1	17. 4	18. 8

Page 10

	Set I						Set II				
1. 1	2. 0	3. 3	4. 2	5. 4	6. 8	1. 7	2. 2	3. 5	4. 4	5. 0	6. 1
7. 6	8. 5	9. 7	10. 6	11. 3	12. 2	7. 3	8. 6	9. 8	10. 7	11. 0	12. 8
13. 8	14. 4	15. 0	16. 1	17. 7	18. 5	13. 1	14. 6	15. 2	16. 4	17. 3	18. 5

Page 11

	Set I						Set II				
1. 1	2. 3	3. 5	4. 6	5. 4	6. 0	1. 5	2. 1	3. 2	4. 3	5. 6	6. 4
7. 7	8. 2	9. 5	10. 0	11. 1	12. 4	7. 6	8. 0	9. 3	10. 2	11. 7	12. 1
13. 3	14. 2	15. 6	16. 7	17. 0	18. 7	13. 5	14. 4	15. 2	16. 5	17. 6	18. 0

Page 12

	Set I						Set II				
1. 7	2. 3	3. 0	4. 6	5. 1	6. 2	1. 3	2. 5	3. 4	4. 0	5. 1	6. 7
7. 4	8. 5	9. 1	10. 6	11. 2	12. 0	7. 1	8. 3	9. 7	10. 4	11. 6	12. 5
13. 3	14. 4	15. 7	16. 5	17. 6	18. 2	13. 2	14. 0	15. 4	16. 0	17. 5	18. 2

Page 13

Set I						Set II					
1. 0	2. 4	3. 1	4. 2	5. 3	6. 5	1. 0	2. 4	3. 1	4. 5	5. 6	6. 7
7. 7	8. 6	9. 2	10. 6	11. 7	12. 5	7. 1	8. 5	9. 0	10. 2	11. 6	12. 4
13. 0	14. 1	15. 3	16. 4	17. 2	18. 3	13. 3	14. 7	15. 0	16. 4	17. 3	18. 1

Page 14

Set I						Set II					
1. 1	2. 7	3. 3	4. 5	5. 4	6. 0	1. 7	2. 2	3. 3	4. 0	5. 5	6. 1
7. 6	8. 2	9. 6	10. 5	11. 1	12. 4	7. 4	8. 7	9. 6	10. 2	11. 5	12. 3
13. 7	14. 3	15. 2	16. 0	17. 4	18. 6	13. 0	14. 1	15. 3	16. 6	17. 0	18. 4

Page 15

Set I						Set II					
1. 3	2. 1	3. 6	4. 3	5. 4	6. 4	1. 1	2. 2	3. 6	4. 3	5. 1	6. 3
7. 2	8. 7	9. 5	10. 1	11. 7	12. 7	7. 1	8. 0	9. 3	10. 9	11. 4	12. 4
13. 4	14. 5	15. 2	16. 7	17. 5	18. 4	13. 7	14. 7	15. 1	16. 4	17. 2	18. 3

Page 16

Set I						Set II					
1. 3	2. 4	3. 4	4. 0	5. 9	6. 2	1. 8	2. 0	3. 4	4. 1	5. 3	6. 0
7. 4	8. 6	9. 2	10. 6	11. 0	12. 9	7. 5	8. 8	9. 2	10. 7	11. 1	12. 9
13. 1	14. 3	15. 5	16. 5	17. 7	18. 6	13. 3	14. 7	15. 1	16. 8	17. 8	18. 5

Page 17

Set I						Set II					
1. 2	2. 7	3. 7	4. 3	5. 0	6. 4	1. 2	2. 4	3. 7	4. 2	5. 2	6. 2
7. 0	8. 3	9. 2	10. 8	11. 2	12. 0	7. 0	8. 0	9. 1	10. 1	11. 3	12. 2
13. 5	14. 3	15. 0	16. 4	17. 0	18. 6	13. 9	14. 7	15. 6	16. 3	17. 6	18. 0

Page 18

Set I						Set II					
1. 5	2. 3	3. 5	4. 4	5. 6	6. 3	1. 5	2. 7	3. 2	4. 0	5. 8	6. 2
7. 9	8. 1	9. 2	10. 7	11. 0	12. 1	7. 3	8. 1	9. 8	10. 1	11. 5	12. 7
13. 3	14. 7	15. 5	16. 8	17. 0	18. 4	13. 2	14. 6	15. 7	16. 8	17. 3	18. 4

Page 19

Set I						Set II					
1. 5	2. 3	3. 0	4. 4	5. 2	6. 6	1. 3	2. 2	3. 5	4. 1	5. 0	6. 6
7. 1	8. 4	9. 2	10. 1	11. 6	12. 0	7. 4	8. 2	9. 5	10. 3	11. 3	12. 6
13. 3	14. 5	15. 6	16. 4	17. 0	18. 1	13. 2	14. 5	15. 4	16. 1	17. 0	18. 4

Page 20

Set I						Set II					
1. 5	2. 0	3. 3	4. 4	5. 6	6. 2	1. 6	2. 4	3. 1	4. 5	5. 3	6. 2
7. 1	8. 3	9. 5	10. 6	11. 2	12. 4	7. 1	8. 0	9. 6	10. 4	11. 6	12. 0
13. 1	14. 0	15. 0	16. 3	17. 2	18. 5	13. 5	14. 3	15. 4	16. 1	17. 2	18. 1

Page 21

Set I						Set II					
1. 1	2. 4	3. 2	4. 0	5. 3	6. 5	1. 1	2. 4	3. 6	4. 4	5. 0	6. 2
7. 6	8. 4	9. 6	10. 0	11. 3	12. 5	7. 6	8. 1	9. 3	10. 5	11. 6	12. 2
13. 2	14. 1	15. 0	16. 5	17. 2	18. 3	13. 5	14. 0	15. 1	16. 3	17. 4	18. 4

Page 22

Set I						Set II					
1. 0	2. 2	3. 3	4. 6	5. 5	6. 4	1. 6	2. 4	3. 2	4. 5	5. 4	6. 1
7. 1	8. 5	9. 1	10. 6	11. 4	12. 2	7. 2	8. 0	9. 6	10. 3	11. 6	12. 0
13. 0	14. 3	15. 0	16. 5	17. 3	18. 1	13. 3	14. 5	15. 2	16. 4	17. 1	18. 1

Page 23

Set I						Set II					
1. 5	2. 2	3. 4	4. 1	5. 0	6. 3	1. 0	2. 3	3. 5	4. 2	5. 1	6. 4
7. 2	8. 3	9. 1	10. 4	11. 0	12. 5	7. 3	8. 2	9. 5	10. 1	11. 0	12. 4
13. 1	14. 4	15. 0	16. 2	17. 3	18. 5	13. 1	14. 5	15. 4	16. 0	17. 2	18. 3

Page 24

Set I						Set II					
1. 5	2. 2	3. 1	4. 4	5. 0	6. 3	1. 4	2. 1	3. 3	4. 0	5. 5	6. 2
7. 1	8. 0	9. 3	10. 2	11. 5	12. 4	7. 5	8. 2	9. 0	10. 4	11. 3	12. 1
13. 3	14. 1	15. 2	16. 5	17. 0	18. 4	13. 3	14. 4	15. 2	16. 1	17. 5	18. 0

Page 25

Set I						Set II					
1. 4	2. 2	3. 1	4. 0	5. 3	6. 5	1. 4	2. 2	3. 1	4. 5	5. 0	6. 3
7. 5	8. 0	9. 4	10. 2	11. 3	12. 1	7. 3	8. 0	9. 4	10. 1	11. 2	12. 5
13. 3	14. 4	15. 5	16. 1	17. 2	18. 0	13. 3	14. 1	15. 0	16. 4	17. 2	18. 5

Page 26

Set I						Set II					
1. 0	2. 4	3. 3	4. 2	5. 5	6. 1	1. 5	2. 2	3. 4	4. 3	5. 0	6. 1
7. 3	8. 0	9. 4	10. 2	11. 5	12. 1	7. 5	8. 3	9. 1	10. 0	11. 4	12. 2
13. 0	14. 3	15. 4	16. 5	17. 2	18. 1	13. 5	14. 1	15. 4	16. 3	17. 0	18. 2

Page 27

Set I						Set II					
1. 4	2. 0	3. 1	4. 5	5. 6	6. 4	1. 0	2. 5	3. 1	4. 3	5. 5	6. 1
7. 5	8. 4	9. 0	10. 2	11. 0	12. 5	7. 5	8. 2	9. 4	10. 6	11. 3	12. 1
13. 2	14. 5	15. 6	16. 4	17. 0	18. 1	13. 5	14. 1	15. 3	16. 1	17. 4	18. 5

Page 28

Set I						Set II					
1. 2	2. 1	3. 3	4. 5	5. 5	6. 0	1. 4	2. 0	3. 1	4. 2	5. 0	6. 3
7. 2	8. 3	9. 4	10. 0	11. 5	12. 2	7. 3	8. 1	9. 2	10. 4	11. 4	12. 2
13. 1	14. 5	15. 1	16. 3	17. 0	18. 4	13. 3	14. 5	15. 6	16. 4	17. 3	18. 1

Page 29

Set I						Set II					
1. 6	2. 1	3. 1	4. 2	5. 0	6. 4	1. 1	2. 0	3. 6	4. 4	5. 0	6. 1
7. 0	8. 0	9. 2	10. 5	11. 1	12. 6	7. 5	8. 4	9. 5	10. 4	11. 3	12. 5
13. 4	14. 2	15. 3	16. 1	17. 2	18. 0	13. 5	14. 0	15. 0	16. 1	17. 4	18. 2

Page 30

Set I						Set II					
1. 2	2. 3	3. 4	4. 1	5. 5	6. 0	1. 5	2. 5	3. 0	4. 4	5. 2	6. 2
7. 1	8. 6	9. 4	10. 3	11. 5	12. 5	7. 6	8. 1	9. 6	10. 0	11. 4	12. 4
13. 4	14. 2	15. 4	16. 4	17. 5	18. 1	13. 2	14. 1	15. 0	16. 5	17. 4	18. 3

Page 31

Set I						Set II					
1. 5	2. 3	3. 0	4. 0	5. 0	6. 1	1. 0	2. 3	3. 4	4. 0	5. 2	6. 7
7. 3	8. 2	9. 9	10. 2	11. 3	12. 1	7. 8	8. 5	9. 5	10. 5	11. 2	12. 3
13. 5	14. 3	15. 3	16. 1	17. 5	18. 4	13. 0	14. 2	15. 3	16. 1	17. 0	18. 0

Page 32

Set I						Set II					
1. 3	2. 5	3. 4	4. 0	5. 6	6. 6	1. 2	2. 4	3. 6	4. 5	5. 7	6. 2
7. 2	8. 0	9. 5	10. 1	11. 4	12. 3	7. 9	8. 0	9. 1	10. 6	11. 0	12. 4
13. 1	14. 7	15. 4	16. 0	17. 1	18. 1	13. 8	14. 0	15. 2	16. 8	17. 5	18. 1

Page 33

Set I						Set II					
1. 6	2. 8	3. 5	4. 8	5. 3	6. 1	1. 3	2. 6	3. 8	4. 5	5. 4	6. 3
7. 5	8. 7	9. 1	10. 4	11. 4	12. 0	7. 7	8. 4	9. 3	10. 3	11. 0	12. 1
13. 8	14. 4	15. 6	16. 0	17. 2	18. 0	13. 3	14. 2	15. 3	16. 4	17. 8	18. 6

Page 34

Set I						Set II					
1. 9	2. 2	3. 7	4. 4	5. 1	6. 8	1. 0	2. 0	3. 7	4. 4	5. 7	6. 9
7. 5	8. 4	9. 1	10. 5	11. 8	12. 1	7. 6	8. 1	9. 3	10. 1	11. 3	12. 4
13. 2	14. 3	15. 1	16. 5	17. 6	18. 4	13. 5	14. 2	15. 3	16. 6	17. 0	18. 8

Page 35

Set I						Set II					
1. 4	2. 7	3. 4	4. 6	5. 2	6. 6	1. 5	2. 8	3. 4	4. 2	5. 7	6. 7
7. 4	8. 1	9. 3	10. 5	11. 0	12. 4	7. 1	8. 3	9. 1	10. 5	11. 5	12. 0
13. 0	14. 0	15. 3	16. 1	17. 1	18. 6	13. 0	14. 7	15. 1	16. 4	17. 0	18. 4

Page 36

Set I						Set II					
1. 5	2. 1	3. 7	4. 1	5. 5	6. 6	1. 6	2. 2	3. 3	4. 1	5. 1	6. 1
7. 0	8. 3	9. 5	10. 1	11. 3	12. 4	7. 6	8. 0	9. 9	10. 4	11. 6	12. 1
13. 0	14. 3	15. 1	16. 2	17. 3	18. 3	13. 6	14. 1	15. 2	16. 0	17. 5	18. 1

Page 37

	Set I						Set II				
1. 1	2. 5	3. 2	4. 7	5. 6	6. 0	1. 3	2. 8	3. 5	4. 9	5. 6	6. 2
7. 4	8. 8	9. 3	10. 9	11. 6	12. 2	7. 1	8. 4	9. 3	10. 7	11. 8	12. 0
13. 4	14. 5	15. 0	16. 9	17. 7	18. 1	13. 6	14. 3	15. 9	16. 2	17. 4	18. 5

Page 38

	Set I						Set II				
1. 9	2. 8	3. 2	4. 4	5. 5	6. 7	1. 5	2. 8	3. 8	4. 6	5. 2	6. 9
7. 0	8. 6	9. 3	10. 1	11. 1	12. 0	7. 5	8. 3	9. 0	10. 7	11. 4	12. 1
13. 2	14. 3	15. 9	16. 4	17. 7	18. 6	13. 6	14. 1	15. 4	16. 2	17. 7	18. 5

Page 39

	Set I						Set II				
1. 9	2. 7	3. 4	4. 1	5. 3	6. 8	1. 5	2. 1	3. 7	4. 5	5. 4	6. 3
7. 6	8. 0	9. 2	10. 5	11. 3	12. 0	7. 0	8. 8	9. 9	10. 6	11. 1	12. 2
13. 6	14. 4	15. 2	16. 9	17. 8	18. 7	13. 4	14. 3	15. 9	16. 0	17. 1	18. 5

Page 40

	Set I						Set II				
1. 9	2. 5	3. 1	4. 7	5. 4	6. 3	1. 5	2. 6	3. 3	4. 7	5. 0	6. 6
7. 6	8. 8	9. 2	10. 0	11. 2	12. 0	7. 4	8. 5	9. 2	10. 1	11. 8	12. 9
13. 1	14. 7	15. 3	16. 8	17. 4	18. 9	13. 0	14. 1	15. 6	16. 5	17. 7	18. 3

Page 41

	Set I						Set II				
1. 2	2. 8	3. 7	4. 1	5. 4	6. 6	1. 5	2. 8	3. 4	4. 2	5. 1	6. 6
7. 5	8. 3	9. 0	10. 0	11. 4	12. 3	7. 3	8. 0	9. 7	10. 3	11. 1	12. 2
13. 5	14. 8	15. 2	16. 7	17. 1	18. 6	13. 6	14. 0	15. 4	16. 5	17. 8	18. 7

Page 42

	Set I						Set II				
1. 3	2. 8	3. 5	4. 7	5. 4	6. 0	1. 0	2. 5	3. 6	4. 2	5. 4	6. 1
7. 1	8. 2	9. 6	10. 8	11. 0	12. 5	7. 7	8. 8	9. 3	10. 0	11. 1	12. 2
13. 1	14. 7	15. 6	16. 4	17. 2	18. 3	13. 7	14. 6	15. 5	16. 8	17. 4	18. 3

Page 43

Set I						Set II					
1. 1	2. 7	3. 2	4. 8	5. 3	6. 4	1. 4	2. 2	3. 7	4. 1	5. 8	6. 6
7. 5	8. 0	9. 6	10. 5	11. 2	12. 8	7. 5	8. 3	9. 0	10. 3	11. 8	12. 7
13. 3	14. 0	15. 1	16. 7	17. 4	18. 6	13. 4	14. 5	15. 2	16. 1	17. 6	18. 0

Page 44

Set I						Set II					
1. 2	2. 7	3. 4	4. 3	5. 1	6. 6	1. 0	2. 1	3. 2	4. 8	5. 3	6. 4
7. 8	8. 0	9. 5	10. 8	11. 4	12. 6	7. 6	8. 7	9. 5	10. 7	11. 8	12. 1
13. 2	14. 7	15. 3	16. 0	17. 5	18. 1	13. 6	14. 2	15. 4	16. 0	17. 5	18. 3

Page 45

Set I						Set II					
1. 7	2. 4	3. 1	4. 2	5. 6	6. 0	1. 4	2. 7	3. 5	4. 1	5. 6	6. 0
7. 5	8. 3	9. 1	10. 3	11. 7	12. 4	7. 3	8. 0	9. 5	10. 4	11. 6	12. 2
13. 5	14. 6	15. 0	16. 2	17. 3	18. 2	13. 1	14. 7	15. 7	16. 3	17. 2	18. 5

Page 46

Set I						Set II					
1. 0	2. 3	3. 2	4. 5	5. 6	6. 4	1. 0	2. 7	3. 4	4. 6	5. 3	6. 5
7. 7	8. 1	9. 7	10. 6	11. 0	12. 3	7. 4	8. 1	9. 7	10. 3	11. 6	12. 5
13. 2	14. 1	15. 5	16. 4	17. 1	18. 2	13. 0	14. 2	15. 6	16. 4	17. 1	18. 3

Page 47

Set I						Set II					
1. 4	2. 7	3. 0	4. 6	5. 3	6. 1	1. 5	2. 4	3. 0	4. 3	5. 6	6. 2
7. 5	8. 2	9. 7	10. 0	11. 1	12. 2	7. 2	8. 5	9. 7	10. 0	11. 4	12. 3
13. 4	14. 6	15. 5	16. 3	17. 7	18. 1	13. 6	14. 1	15. 6	16. 7	17. 0	18. 3

Page 48

Set I						Set II					
1. 7	2. 1	3. 4	4. 2	5. 6	6. 5	1. 3	2. 2	3. 1	4. 5	5. 7	6. 4
7. 0	8. 3	9. 6	10. 2	11. 7	12. 0	7. 2	8. 0	9. 7	10. 1	11. 5	12. 4
13. 1	14. 3	15. 4	16. 5	17. 0	18. 6	13. 6	14. 3	15. 7	16. 1	17. 2	18. 4

Page 49

	Set I							Set II				
1. 2	2. 2	3. 5	4. 0	5. 8	6. 3		1. 7	2. 1	3. 0	4. 2	5. 3	6. 7
7. 2	8. 4	9. 1	10. 1	11. 2	12. 5		7. 2	8. 2	9. 4	10. 6	11. 7	12. 8
13. 2	14. 8	15. 2	16. 0	17. 5	18. 6		13. 4	14. 2	15. 6	16. 1	17. 5	18. 2

Page 50

	Set I							Set II				
1. 7	2. 0	3. 7	4. 2	5. 0	6. 5		1. 0	2. 7	3. 5	4. 1	5. 7	6. 6
7. 4	8. 3	9. 8	10. 1	11. 7	12. 3		7. 2	8. 7	9. 3	10. 0	11. 0	12. 2
13. 6	14. 1	15. 4	16. 8	17. 0	18. 6		13. 5	14. 6	15. 6	16. 4	17. 5	18. 3

Page 51

	Set I							Set II				
1. 5	2. 3	3. 5	4. 2	5. 1	6. 8		1. 5	2. 4	3. 4	4. 0	5. 2	6. 0
7. 6	8. 2	9. 8	10. 1	11. 5	12. 5		7. 1	8. 4	9. 3	10. 0	11. 0	12. 6
13. 1	14. 3	15. 8	16. 3	17. 0	18. 1		13. 5	14. 9	15. 6	16. 3	17. 3	18. 4

Page 52

	Set I							Set II				
1. 2	2. 3	3. 0	4. 9	5. 5	6. 4		1. 7	2. 2	3. 1	4. 3	5. 8	6. 0
7. 2	8. 2	9. 6	10. 5	11. 2	12. 9		7. 1	8. 0	9. 6	10. 4	11. 8	12. 8
13. 6	14. 5	15. 6	16. 1	17. 2	18. 5		13. 5	14. 0	15. 6	16. 2	17. 2	18. 5

Page 53

	Set I							Set II				
1. 5	2. 3	3. 2	4. 6	5. 4	6. 0		1. 3	2. 2	3. 4	4. 6	5. 0	6. 3
7. 1	8. 3	9. 6	10. 1	11. 0	12. 2		7. 4	8. 5	9. 1	10. 2	11. 1	12. 6
13. 5	14. 4	15. 0	16. 5	17. 6	18. 1		13. 5	14. 3	15. 4	16. 0	17. 2	18. 0

Page 54

	Set I							Set II				
1. 5	2. 6	3. 0	4. 3	5. 1	6. 4		1. 1	2. 3	3. 2	4. 0	5. 1	6. 5
7. 2	8. 4	9. 6	10. 2	11. 0	12. 5		7. 4	8. 3	9. 2	10. 6	11. 1	12. 4
13. 1	14. 3	15. 5	16. 0	17. 6	18. 4		13. 3	14. 2	15. 5	16. 0	17. 6	18. 5

Page 55

	Set I						Set II					
1. 2	2. 0	3. 5	4. 3	5. 4	6. 1	1. 6	2. 5	3. 3	4. 2	5. 5	6. 3
7. 6	8. 2	9. 3	10. 0	11. 6	12. 4	7. 1	8. 4	9. 0	10. 6	11. 0	12. 1
13. 1	14. 5	15. 1	16. 4	17. 2	18. 0	13. 2	14. 3	15. 5	16. 6	17. 4	18. 2

Page 56

	Set I						Set II					
1. 6	2. 4	3. 1	4. 0	5. 5	6. 2	1. 0	2. 4	3. 2	4. 5	5. 4	6. 3
7. 3	8. 4	9. 3	10. 1	11. 5	12. 2	7. 2	8. 1	9. 0	10. 6	11. 3	12. 5
13. 0	14. 6	15. 1	16. 5	17. 3	18. 6	13. 0	14. 4	15. 2	16. 6	17. 1	18. 6

Page 57

	Set I						Set II					
1. 4	2. 0	3. 1	4. 2	5. 3	6. 5	1. 4	2. 5	3. 3	4. 0	5. 2	6. 1
7. 0	8. 3	9. 4	10. 1	11. 5	12. 2	7. 2	8. 1	9. 4	10. 3	11. 5	12. 0
13. 5	14. 1	15. 4	16. 3	17. 2	18. 0	13. 0	14. 3	15. 5	16. 4	17. 2	18. 1

Page 58

	Set I						Set II					
1. 0	2. 2	3. 1	4. 4	5. 5	6. 3	1. 4	2. 1	3. 3	4. 2	5. 5	6. 0
7. 5	8. 1	9. 4	10. 2	11. 0	12. 3	7. 4	8. 2	9. 3	10. 5	11. 1	12. 0
13. 4	14. 5	15. 2	16. 0	17. 3	18. 1	13. 2	14. 3	15. 5	16. 0	17. 1	18. 4

Page 59

	Set I						Set II					
1. 1	2. 4	3. 5	4. 2	5. 0	6. 3	1. 5	2. 3	3. 4	4. 2	5. 1	6. 0
7. 4	8. 2	9. 0	10. 5	11. 1	12. 3	7. 3	8. 1	9. 2	10. 0	11. 5	12. 4
13. 5	14. 2	15. 1	16. 0	17. 4	18. 3	13. 3	14. 2	15. 5	16. 1	17. 0	18. 4

Page 60

	Set I						Set II					
1. 4	2. 2	3. 1	4. 3	5. 5	6. 0	1. 2	2. 0	3. 3	4. 1	5. 4	6. 5
7. 1	8. 4	9. 3	10. 0	11. 2	12. 5	7. 2	8. 4	9. 0	10. 1	11. 3	12. 5
13. 2	14. 3	15. 1	16. 4	17. 0	18. 5	13. 3	14. 0	15. 1	16. 5	17. 4	18. 2

Page 61

Set I						Set II					
1. 2	2. 2	3. 0	4. 4	5. 3	6. 5	1. 4	2. 5	3. 0	4. 1	5. 4	6. 3
7. 4	8. 3	9. 0	10. 4	11. 1	12. 0	7. 5	8. 4	9. 0	10. 1	11. 6	12. 2
13. 1	14. 5	15. 4	16. 4	17. 1	18. 0	13. 4	14. 1	15. 6	16. 4	17. 5	18. 0

Page 62

Set I						Set II					
1. 0	2. 5	3. 0	4. 2	5. 3	6. 4	1. 2	2. 4	3. 6	4. 5	5. 0	6. 1
7. 1	8. 3	9. 1	10. 2	11. 4	12. 1	7. 4	8. 6	9. 2	10. 3	11. 0	12. 4
13. 0	14. 0	15. 4	16. 3	17. 5	18. 1	13. 1	14. 5	15. 0	16. 0	17. 3	18. 6

Page 63

Set I						Set II					
1. 0	2. 3	3. 4	4. 2	5. 5	6. 1	1. 0	2. 5	3. 2	4. 3	5. 1	6. 6
7. 5	8. 3	9. 6	10. 1	11. 5	12. 3	7. 5	8. 4	9. 3	10. 1	11. 6	12. 1
13. 1	14. 3	15. 1	16. 1	17. 2	18. 4	13. 0	14. 0	15. 1	16. 4	17. 2	18. 0

Page 64

Set I						Set II					
1. 2	2. 3	3. 5	4. 1	5. 3	6. 2	1. 3	2. 5	3. 2	4. 5	5. 6	6. 1
7. 1	8. 2	9. 4	10. 0	11. 5	12. 0	7. 2	8. 0	9. 3	10. 4	11. 2	12. 1
13. 1	14. 3	15. 4	16. 4	17. 5	18. 3	13. 0	14. 5	15. 2	16. 1	17. 3	18. 1

Page 65

Set I						Set II					
1. 2	2. 2	3. 6	4. 6	5. 1	6. 2	1. 8	2. 2	3. 0	4. 1	5. 5	6. 3
7. 2	8. 2	9. 8	10. 6	11. 5	12. 2	7. 8	8. 6	9. 9	10. 3	11. 1	12. 8
13. 7	14. 3	15. 4	16. 6	17. 2	18. 5	13. 6	14. 2	15. 0	16. 5	17. 0	18. 2

Page 66

Set I						Set II					
1. 3	2. 3	3. 3	4. 2	5. 8	6. 7	1. 6	2. 6	3. 6	4. 4	5. 1	6. 4
7. 5	8. 1	9. 1	10. 3	11. 5	12. 8	7. 0	8. 3	9. 7	10. 6	11. 0	12. 0
13. 0	14. 1	15. 5	16. 6	17. 4	18. 0	13. 5	14. 2	15. 1	16. 2	17. 0	18. 5

Page 67

	Set I						Set II				
1. 0	2. 0	3. 3	4. 7	5. 7	6. 2	1. 0	2. 3	3. 0	4. 1	5. 2	6. 1
7. 5	8. 5	9. 0	10. 4	11. 2	12. 2	7. 0	8. 8	9. 3	10. 4	11. 4	12. 3
13. 8	14. 3	15. 1	16. 6	17. 1	18. 5	13. 2	14. 3	15. 0	16. 1	17. 2	18. 5

Page 68

	Set I						Set II				
1. 3	2. 4	3. 0	4. 2	5. 3	6. 1	1. 4	2. 4	3. 5	4. 4	5. 4	6. 6
7. 8	8. 4	9. 0	10. 5	11. 3	12. 1	7. 5	8. 0	9. 5	10. 8	11. 1	12. 5
13. 4	14. 6	15. 4	16. 4	17. 6	18. 3	13. 4	14. 1	15. 2	16. 5	17. 2	18. 5

Page 69

	Set I						Set II				
1. 0	2. 0	3. 2	4. 5	5. 0	6. 5	1. 2	2. 1	3. 2	4. 6	5. 1	6. 6
7. 2	8. 4	9. 3	10. 2	11. 6	12. 2	7. 5	8. 4	9. 2	10. 3	11. 0	12. 7
13. 3	14. 6	15. 1	16. 8	17. 0	18. 1	13. 2	14. 6	15. 0	16. 1	17. 0	18. 5

Page 70

	Set I						Set II				
1. 3	2. 2	3. 4	4. 6	5. 3	6. 3	1. 8	2. 7	3. 4	4. 6	5. 3	6. 7
7. 4	8. 0	9. 1	10. 7	11. 3	12. 5	7. 0	8. 1	9. 3	10. 4	11. 5	12. 6
13. 1	14. 3	15. 2	16. 5	17. 2	18. 2	13. 2	14. 1	15. 0	16. 3	17. 2	18. 7

Page 71

	Set I						Set II				
1. 5	2. 8	3. 12	4. 12	5. 14	6. 16	1. 11	2. 16	3. 19	4. 6	5. 7	6. 13
7. 7	8. 6	9. 10	10. 12	11. 4	12. 4	7. 14	8. 5	9. 16	10. 10	11. 3	12. 4
13. 15	14. 15	15. 1	16. 13	17. 5	18. 14	13. 16	14. 6	15. 14	16. 12	17. 13	18. 7

Page 72

	Set I						Set II				
1. 11	2. 4	3. 4	4. 14	5. 12	6. 1	1. 8	2. 12	3. 3	4. 18	5. 9	6. 6
7. 13	8. 5	9. 15	10. 17	11. 15	12. 9	7. 15	8. 11	9. 9	10. 8	11. 11	12. 10
13. 5	14. 15	15. 8	16. 4	17. 11	18. 8	13. 7	14. 2	15. 4	16. 17	17. 10	18. 10

Page 73

Set I						Set II					
1. 10	2. 11	3. 8	4. 5	5. 19	6. 4	1. 13	2. 16	3. 9	4. 13	5. 18	6. 11
7. 6	8. 13	9. 12	10. 7	11. 6	12. 8	7. 14	8. 6	9. 11	10. 10	11. 8	12. 13
13. 17	14. 7	15. 17	16. 6	17. 18	18. 9	13. 9	14. 8	15. 8	16. 10	17. 19	18. 16

Page 74

Set I						Set II					
1. 16	2. 6	3. 4	4. 8	5. 6	6. 4	1. 5	2. 14	3. 14	4. 9	5. 6	6. 12
7. 17	8. 13	9. 17	10. 11	11. 4	12. 11	7. 8	8. 8	9. 7	10. 6	11. 16	12. 15
13. 7	14. 13	15. 3	16. 5	17. 6	18. 11	13. 12	14. 1	15. 12	16. 8	17. 4	18. 15

Page 75

Set I						Set II					
1. 8	2. 13	3. 16	4. 9	5. 8	6. 10	1. 13	2. 11	3. 14	4. 5	5. 4	6. 11
7. 9	8. 5	9. 14	10. 6	11. 7	12. 11	7. 10	8. 10	9. 6	10. 13	11. 8	12. 6
13. 2	14. 10	15. 13	16. 11	17. 13	18. 9	13. 11	14. 11	15. 15	16. 8	17. 11	18. 7

Page 76

Set I						Set II					
1. 3	2. 9	3. 15	4. 7	5. 14	6. 8	1. 3	2. 10	3. 8	4. 16	5. 10	6. 4
7. 2	8. 10	9. 8	10. 15	11. 16	12. 15	7. 13	8. 10	9. 10	10. 13	11. 14	12. 7
13. 13	14. 7	15. 11	16. 8	17. 14	18. 16	13. 11	14. 14	15. 13	16. 2	17. 15	18. 16

Page 77

Set I						Set II					
1. 10	2. 10	3. 7	4. 5	5. 13	6. 8	1. 5	2. 17	3. 11	4. 11	5. 4	6. 8
7. 5	8. 13	9. 9	10. 11	11. 11	12. 19	7. 18	8. 9	9. 13	10. 5	11. 18	12. 8
13. 12	14. 8	15. 11	16. 10	17. 12	18. 8	13. 9	14. 14	15. 14	16. 6	17. 9	18. 14

Page 78

Set I						Set II					
1. 6	2. 15	3. 7	4. 7	5. 8	6. 10	1. 7	2. 11	3. 13	4. 10	5. 6	6. 6
7. 10	8. 9	9. 11	10. 8	11. 14	12. 13	7. 18	8. 7	9. 11	10. 11	11. 10	12. 13
13. 4	14. 12	15. 11	16. 13	17. 14	18. 14	13. 11	14. 17	15. 8	16. 2	17. 16	18. 13

Page 79

Set I						Set II					
1. 4	2. 17	3. 12	4. 11	5. 7	6. 12	1. 3	2. 18	3. 9	4. 19	5. 1	6. 10
7. 6	8. 11	9. 3	10. 8	11. 17	12. 13	7. 13	8. 4	9. 10	10. 12	11. 13	12. 14
13. 13	14. 9	15. 15	16. 8	17. 7	18. 10	13. 13	14. 12	15. 5	16. 4	17. 15	18. 15

Page 80

Set I						Set II					
1. 9	2. 14	3. 9	4. 11	5. 8	6. 9	1. 7	2. 17	3. 8	4. 10	5. 6	6. 11
7. 5	8. 14	9. 6	10. 6	11. 12	12. 13	7. 18	8. 6	9. 14	10. 7	11. 10	12. 15
13. 12	14. 8	15. 15	16. 5	17. 16	18. 8	13. 11	14. 10	15. 13	16. 7	17. 17	18. 10

Page 81

Set I						Set II					
1. 8	2. 8	3. 9	4. 10	5. 16	6. 7	1. 7	2. 18	3. 7	4. 19	5. 5	6. 4
7. 10	8. 10	9. 6	10. 7	11. 12	12. 14	7. 15	8. 9	9. 15	10. 13	11. 11	12. 7
13. 11	14. 13	15. 10	16. 4	17. 13	18. 11	13. 16	14. 12	15. 9	16. 1	17. 11	18. 16

Page 82

Set I						Set II					
1. 4	2. 14	3. 14	4. 9	5. 11	6. 12	1. 2	2. 12	3. 10	4. 19	5. 3	6. 9
7. 2	8. 7	9. 3	10. 15	11. 11	12. 13	7. 10	8. 6	9. 9	10. 12	11. 17	12. 10
13. 13	14. 8	15. 16	16. 9	17. 13	18. 16	13. 14	14. 12	15. 11	16. 1	17. 11	18. 15

Page 83

Set I						Set II					
1. 1	2. 17	3. 14	4. 5	5. 10	6. 12	1. 5	2. 17	3. 8	4. 19	5. 7	6. 5
7. 8	8. 9	9. 7	10. 8	11. 19	12. 18	7. 15	8. 5	9. 16	10. 12	11. 12	12. 6
13. 4	14. 5	15. 15	16. 8	17. 12	18. 10	13. 17	14. 12	15. 6	16. 7	17. 12	18. 16

Page 84

Set I						Set II					
1. 6	2. 14	3. 15	4. 6	5. 11	6. 13	1. 6	2. 19	3. 6	4. 18	5. 7	6. 7
7. 2	8. 12	9. 3	10. 9	11. 11	12. 10	7. 17	8. 12	9. 12	10. 6	11. 9	12. 11
13. 11	14. 7	15. 17	16. 6	17. 12	18. 14	13. 10	14. 13	15. 7	16. 6	17. 17	18. 15

Page 85

Set I						Set II					
1. 5	2. 16	3. 10	4. 5	5. 9	6. 10	1. 5	2. 16	3. 6	4. 11	5. 6	6. 11
7. 2	8. 10	9. 11	10. 13	11. 17	12. 19	7. 18	8. 7	9. 14	10. 14	11. 12	12. 6
13. 12	14. 9	15. 10	16. 6	17. 7	18. 12	13. 11	14. 14	15. 14	16. 7	17. 11	18. 14

Page 86

Set I						Set II					
1. 7	2. 10	3. 11	4. 7	5. 16	6. 12	1. 8	2. 13	3. 7	4. 16	5. 6	6. 5
7. 9	8. 10	9. 2	10. 7	11. 14	12. 19	7. 19	8. 5	9. 8	10. 9	11. 16	12. 14
13. 11	14. 6	15. 17	16. 4	17. 12	18. 9	13. 14	14. 17	15. 5	16. 9	17. 12	18. 13

Page 87

Set I						Set II					
1. 3	2. 17	3. 12	4. 12	5. 14	6. 4	1. 5	2. 10	3. 13	4. 16	5. 2	6. 11
7. 3	8. 11	9. 6	10. 9	11. 15	12. 19	7. 12	8. 11	9. 12	10. 8	11. 9	12. 11
13. 6	14. 8	15. 10	16. 12	17. 13	18. 15	13. 9	14. 15	15. 13	16. 5	17. 17	18. 13

Made in the USA
Columbia, SC
08 February 2018